神奇动物的秘密生活

〔法〕玛丽·特莱伯特　著

吴江龙　译

中国出版集团

中译出版社

BIZZAROÏDES ! LA VIE SECRETE DES ANIMAUX LES © Larousse 2021 PLUS ETRANGES
Simplified Chinese Translation Copyright © 2023 by China Translation & Publishing House
ALL RIGHTS RESERVED
著作权合同登记号：图字 01-2023-3505 号

图书在版编目（CIP）数据

神奇动物的秘密生活 /（法）玛丽·特莱伯特著；
吴江龙译 . —北京：中译出版社，2023.10
　　ISBN 978-7-5001-7432-5

　　Ⅰ.①神…　Ⅱ.①玛…②吴…　Ⅲ.①动物—青少年
读物　Ⅳ.① Q95-49

中国国家版本馆 CIP 数据核字（2023）第 116672 号

神奇动物的秘密生活
SHENQI DONGWU DE MIMI SHENGHUO

出版发行 / 中译出版社
地　　址 / 北京市西城区新街口外大街 28 号普天德胜大厦主楼 4 层
电　　话 /（010）68003527
邮　　编 / 100088
电子邮箱 / book@ctph.com.cn
网　　址 / http://www.ctph.com.cn
策划编辑 / 王　滢
责任编辑 / 王　滢　贾晓晨
封面设计 / 雪儿工作室
印　　刷 / 北京盛通印刷股份有限公司
经　　销 / 新华书店
规　　格 / 880 mm × 1230 mm　1/16
印　　张 / 12.5
字　　数 / 120 千字
版　　次 / 2023 年 10 月第 1 版
印　　次 / 2023 年 10 月第 1 次

ISBN 978-7-5001-7432-5　　定价：168.00 元

中　译　出　版　社

目 录

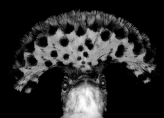

蓝龙

海中的燕子

蓝龙，学名"大西洋海神海蛞蝓（kuò yú）"，又名"海燕子"。它体形扁平，就像长着几对翅膀一样，它有着电光蓝的颜色和银色的条纹……这使得它看起来就像是一只来自神话里的小怪兽。

蓝龙生活在海洋表面，是一种迷人的裸鳃类动物。当我们以为自己正在欣赏它那4厘米长的背部图案时，实际上我们欣赏的是它的肚子。它的腹部储存着一个气囊，这能够让这个小家伙用肚皮朝天的方式生活。它在大多数时候都是肚皮朝天地躺在水里，因为只有这样它才能捕获食物。它主要以水螅、管水母等水螅纲动物为食。这些水螅纲动物对人类来说毒性非常强，但我们的小蓝龙对此却毫不在乎，恰好相反——这种食物数量丰富，它们的毒素对蓝龙还非常有用。蓝龙在吞食这些有毒的动物时，能够将它们的刺细胞收归己用，储存在自身的刺胞囊中，从而使自己也成为令人生畏的"毒物"。人类如果不小心被它们蜇到，可能会是一段非常痛苦的经历，过敏性休克甚至中毒身亡都有可能发生。这条小龙的袖子里可不只有一个小绝招儿啊！

令人惊奇的是，这种生活在海洋表面的生物，总是肚子朝天！↘

龙之战

澳大利亚的海滩上，小朋友们热衷于跟管水母"战斗"，有时管水母的身上会挂着一些蓝龙，小朋友们有可能会成为蓝龙的攻击目标，因而受到伤害……

动物身份证

拉丁学名：
Glaucus atlanticus

体形大小：
体长约4厘米

分布范围：
澳大利亚海岸、大西洋、地中海、墨西哥湾、加勒比海。

这种奇特的小生物以水螅纲
动物为食，并窃取它们刺细
胞里的毒素化为己用。↘

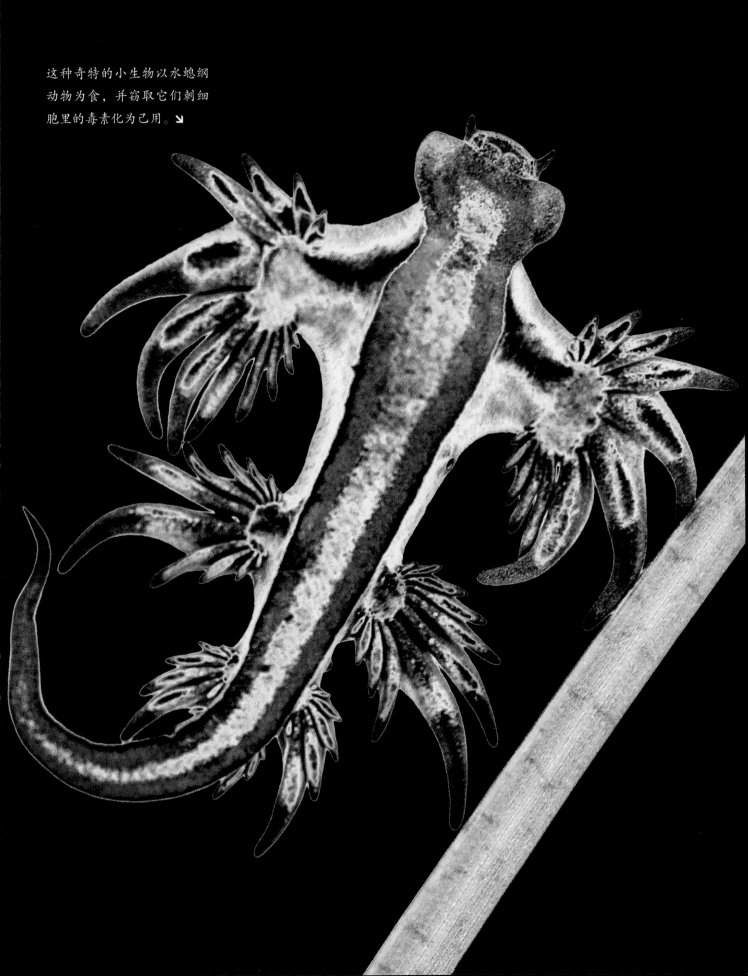

绿叶海蜗牛

能进行光合作用的蜗牛

↗ 绿叶海蜗牛能像植物一样
进行光合作用！

绿叶海蜗牛，又名"绿叶海天牛"，是一种神奇的小型海洋腹足纲软体动物，属于囊舌亚目海蛞蝓。它们分布于世界各地，且形态和颜色多种多样！看起来就像是一片小叶子，或是一株绿藻。也许你会认为它更像是一株植物，它甚至还能进行光合作用。

在刚出生时及幼虫阶段，绿叶海蜗牛的身体呈淡褐色，其间夹杂着一些红色的小斑点。当它开始吃它最喜爱的丝状海藻——滨海无隔藻（*Vaucheria litorea*）后，它就会变成鲜绿色。在吞食海藻的时候，绿叶海蜗牛就像是一个小偷，它会吸收海藻的叶绿体（叶绿体是植物细胞的细胞器，有了它植物才能够进行光合作用），然后将其封存在一个专门的消化道中。这就是我们所说的"盗食质体"，而这也恰恰是神奇之所在：绿叶海蜗牛因此而变得能够进行光合作用，使得它能够连续 10 个月从光合作用中获取能量。只要太阳一升起，绿叶海蜗牛就会舒展身体，尽可能多地捕捉光线！

基因转移

长久以来，科学家们对绿叶海蜗牛在吞食海藻后能够进行光合作用的技能感到非常困惑。在用最先进的影像技术进行各种研究之后，科学家们才终于发现，实际上绿叶海蜗牛能够转移一部分海藻的基因！这是一项非同寻常的发现——从一个多细胞物种到另一个多细胞物种之间的功能性基因转移，是可以实现的。

动物身份证

拉丁学名： *Elysia chlorotica*	分布范围： 美国北部海岸、佛罗里达沿海地区。
体形大小： 体长约 5 厘米	

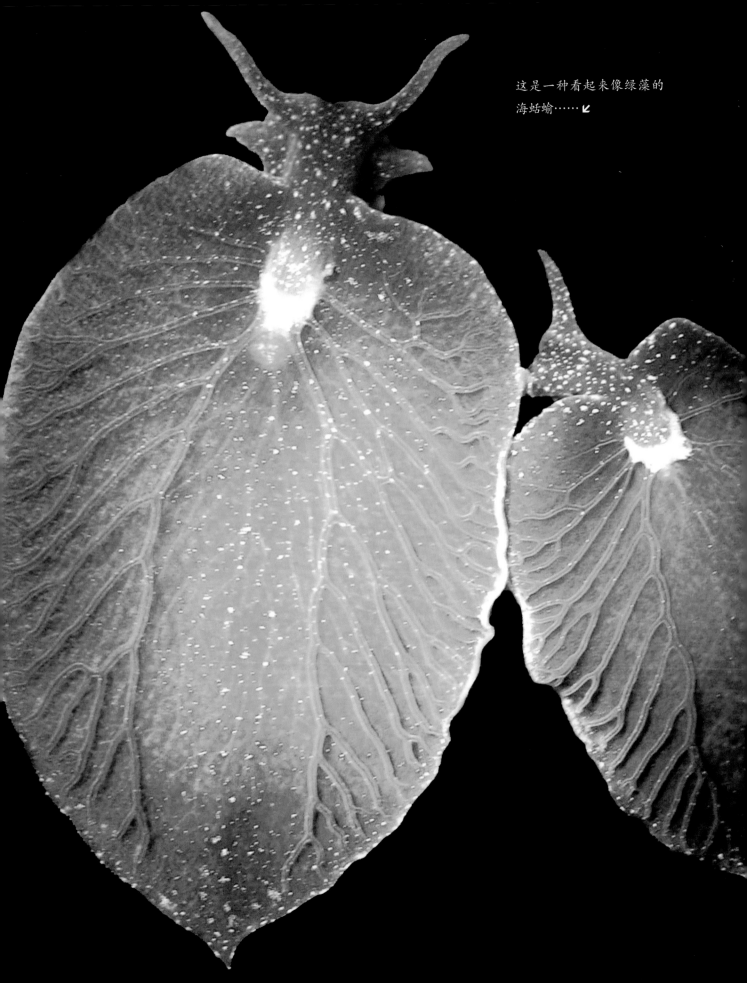

这是一种看起来像绿藻的
海蛞蝓……↙

身材虽小，但十分可怕

这只长约 20 厘米的小章鱼有着令人疯狂的诱惑力，让人做梦都想摸摸它！但我们千万不要被它美丽的外表给欺骗了……在它娇小的身材和炫目的色彩背后，隐藏着一种十分可怕的毒素。蓝环章鱼的名字来源于点缀在它身体表面的蓝色圆环，这些蓝色的圆环是如此地引人注目。而且这些小圆环还会随着章鱼精神压力的状态而改变大小——圆环越大，警告意味就越强，蓝环章鱼就越有可能发动攻击。蓝环章鱼之所以能改变其圆环的大小，是因为它拥有一种被称之为"色素体"的色素细胞。

我们接着来说说它所携带的"毒药"吧。蓝环章鱼的毒素存在于它的唾液腺中，叫"河豚毒素"。如果其他动物或潜水员被蓝环章鱼咬上一小口，结果往往是灾难性的。河豚毒素是一种致命的神经毒素，因为它能够直接且迅速地阻止神经正确地传递信息，从而导致肌肉瘫痪和呼吸困难，被袭击者最终会因为缺氧而死亡。不过，我们也无须过度惊慌。小巧漂亮的蓝环章鱼生性温和，除非是把它给逼急了，它才会攻击进犯者。大多数时候，它都会把自己隐藏起来，并没有很强的攻击性。

↗ 蓝环章鱼身材小巧、可爱，但它并不像表面上看起来那般人畜无害……

虚惊一场！

由于我们的蓝环小章鱼实在是太过漂亮，2019 年一位游客还因此虚惊一场。这位游客为了展示这只章鱼的美丽，将其捧在手里进行拍摄，并将视频分享在社交网络上。当他从网友那里得知这是一只危险的蓝环章鱼时，他感到非常庆幸，幸好这只蓝环章鱼性格温和。真是虚惊一场！不过，最好的做法就是永远不要去打扰动物们在各自环境中的生活！

动物身份证

拉丁学名：
Hapalochlaena maculosa

体形大小：
体长约 20 厘米

分布范围：
澳大利亚东南部海域。

这些满身蓝色圆环的小东西凭借自己的致命"毒药"而闻名于世!↓

火焰乌贼

致命之美

当火焰乌贼变得五颜六色时，它很容易被误认为是一株珊瑚或是一株颜色绚丽的海藻。火焰乌贼的这身"服装"既漂亮又实用，是一种非常有效的伪装。根据所捕食的猎物是小型无脊椎动物或是鱼类，体表颜色会发生不同的变化。

借助外套膜的边缘及身上突起的鳍状物，火焰乌贼可以在海底行走！↘

这种长约 6 厘米的小乌贼生活在不太深的海底泥沙区域，它原本的体色是统一的褐色，但当它感受到威胁时，他的体表就会变成鲜艳的颜色，还会生出许多小凸起，触手会变成红色，外套膜会发出艳丽的黄光，使得它看起来就像一朵兰花。尽管它身材娇小，但它就是通过这样的方式来警告捕食者——我可并不是那么好惹的，如果敢吃我，肯定就是你们最后的晚餐！火焰乌贼的肉里含有河豚毒素，这是一种强大的神经毒素，它直接作用于神经，能够快速造成机体瘫痪从而引发死亡。此外，雄性火焰乌贼还会利用艳丽的颜色和动人的舞步来吸引异性，讨异性欢心。这真是一种致命之美！

动物身份证

拉丁学名：
Metasepia pfefferi

体形大小：
体长约 6 厘米

分布范围：
印度尼西亚海域、澳大利亚北部海域。

↖火焰乌贼，看起来就像是一朵兰花。

在海洋里飞翔的蜗牛

海蝴蝶，学名"蟠虎螺"，看起来就像是一只在海洋里飞翔的蜗牛，事实上也的确如此，只不过它是用脚飞行的。人类为了更好地对它进行研究，海蝴蝶在过去被划分为翼足目软体动物，这类动物都生有一个类似翅膀的附属器官用以游泳，

而现在海蝴蝶归属于有壳翼足目，这一知识能够让我们对它优雅的水下"飞行"增加一些了解。在长期进化的过程中，它的脚进化成了一对能够用来游泳的小翅膀。海蝴蝶身长 5 ～ 10 毫米，一般在 -4 ～ -0.4 摄氏度的寒冷表层水域漫游，并通过疣足和制造粉红色的黏液网来捕食浮游生物。海蝴蝶的躯体呈透明状，我们可以透过它的外壳观察到内部器官。它脆弱而又精致，是浮游动物中的一个关键物种，但因全球气候变暖与海洋酸化，它赖以生存的环境正在受到严重威胁。

濒（bīn）危物种

海蝴蝶有一个又薄又脆弱的石灰质外壳。2009 年，一个研究小组证明，由于海洋酸化的原因，海蝴蝶的这个外壳变得越来越难以生成了。

↗ 借助它的小翅膀，海蝴蝶在水里飞行！

动物身份证

拉丁学名：
Limacina helicina

体形大小：
体长 5 ～ 10 毫米

分布范围：
北冰洋。

↖ 海蝴蝶有一个几乎半透
  明的外壳。

小飞象章鱼

这不是一只章鱼

小飞象章鱼，学名"半深海烟灰蛸（shāo）"，体长不超过20厘米，虽然它有8只触手，外表看起来很像章鱼，并且和章鱼同属八腕目，但它并不是章鱼，而是须蛸科的软体动物。

这种皮肤像牛奶一样光滑的优雅生物生活在海面下3000～4000米的深海之中，它们的外表既让人感到惊奇又非常讨人喜爱。小飞象章鱼名字中的"小飞象"，源于我们童年时非常喜爱的那只著名的迪士尼小飞象。当我们近距离观察小飞象章鱼时，我们会发现它长着两只大耳朵，和大象的耳朵十分相似。但这两只耳朵可跟听力没有什么关系，它们是小飞象章鱼两只突出体表用来移动的鳍。它们那一对黑色眼睛从橘色的皮肤上突兀而出，8条触手上分布着约50个小吸盘。小飞象章鱼以海底的小型虫子和甲壳类动物为食，它将猎物吸引到腕足内，然后产生一种黏液丝辅助进食。小飞象章鱼的名字虽然来自它的外表，但恰恰如我们所见，它既不是一只章鱼，也不是一头大象！

一个文采飞扬的名字！

法语"章鱼（*Poulpe*）"一词来自希腊语"*polypous*"，字面意思是"有许多脚的"。至于"*pieuvre*"（意思也是章鱼）一词则是由维克多·雨果创造的。1865年，在小说《海上劳工》中，维克多·雨果从诺曼底群岛渔民的词汇中借用了这个术语。此后，"*pieuvre*"一词列入法语，并成为常用词。

小飞象章鱼的两只耳朵就是它的鳍，而它的名字也是源于此。↓

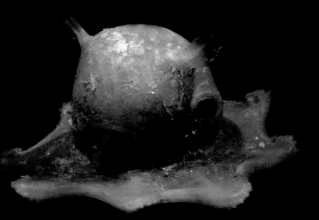

动物身份证

拉丁学名： *Grimpoteuthis bathynectes* 体形大小： 体长约20厘米	分布范围： 新西兰、澳大利亚、菲律宾、新几内亚岛、亚速尔群岛……

草莓乌贼

一双古怪的眼睛

深海是一个充斥着奇妙生物的地方。在如此深邃幽暗的环境中，一些深海生物有着相当奇特的身体特征，尤其是在眼睛方面——因为在深海中辨认方向可不是一件容易的事！

草莓乌贼，学名"异帆乌贼"，一种生活在海面下 200 ～ 1000 米之间的乌贼。这种乌贼生有一对非同寻常的眼睛，其双眼完全不对称。其中的一只眼睛朝上，眼球突出，颜色呈黄色；而另一只眼睛则朝下，相对比较小，颜色为淡蓝色。那么，这样的眼睛有什么用呢？原来，在深海之中，知道如何区分环境中的太阳光与大量深海生物的生物发光十分重要。想要识别这些不同类别的光源就需要不同类型的眼睛，于是，机智的草莓乌贼就长出了两种眼睛。大眼睛使得它能够感知位于上方的生物、捕捉微弱的太阳光；而另一只小眼睛则专注于下方，感知各种生物光源。

▶ 这只乌贼长着两只眼睛——还好眼睛的数量总算是正常的，一只眼睛比较大，另一只比较小，两只眼睛分别具备不同的功能。

草莓乌贼在移动的时候会让自己的身体处于一种倾斜的姿态，从而保证没有任何东西能够逃得过它那双犀利的眼睛，就好比它的眼睛里长着指南针一样！

一颗小草莓

这种乌贼之所以被称为"草莓乌贼"，是因为它的红色外套膜上布满了小型发光器，使得它的外表看起来就像是一颗草莓！

动物身份证

拉丁学名：	
Histioteuthis heteropsis	
	分布范围：
	太平洋。
体形大小：	
体长约 30 厘米	

际上是一位凶名赫赫的猎手，甚至在它天使的外表下藏着食肉的本性！

在遇到猎物的时候，冰海天使会变成一只可怕的怪物！它的身体前端会伸出三对长得像触手的口锥，一把抓住猎物——冰海天使的猎物全都是蚬 (yí) 螺属下的其他腹足类动物，然后慢慢地用它那表面布满锉齿的"舌头"，将猎物磨碎。这个时候，你还会觉得冰海天使可爱吗？冰海天使雌雄同体，当两只冰海天使相遇时，会相互在对方的体内为卵子受精。随后，它们会产下大量的卵，每一枚卵的大小都不超过 1 毫米，这些卵将会孵化出许多新的小冰海天使。我不得不承认，我们的冰海天使有着魔幻的一面！

↗ 这种软体动物长着一对小翅膀，看起来就像是一个小天使。

用皮肤呼吸！
冰海天使没有鳃，呼吸是通过其凝胶状的皮肤被动进行的。

动物身份证

拉丁学名：
Clione limacina

体形大小：
体长约 5 厘米

分布范围：
大西洋东北海域、大西洋西北海域、太平洋北部海域、地中海。

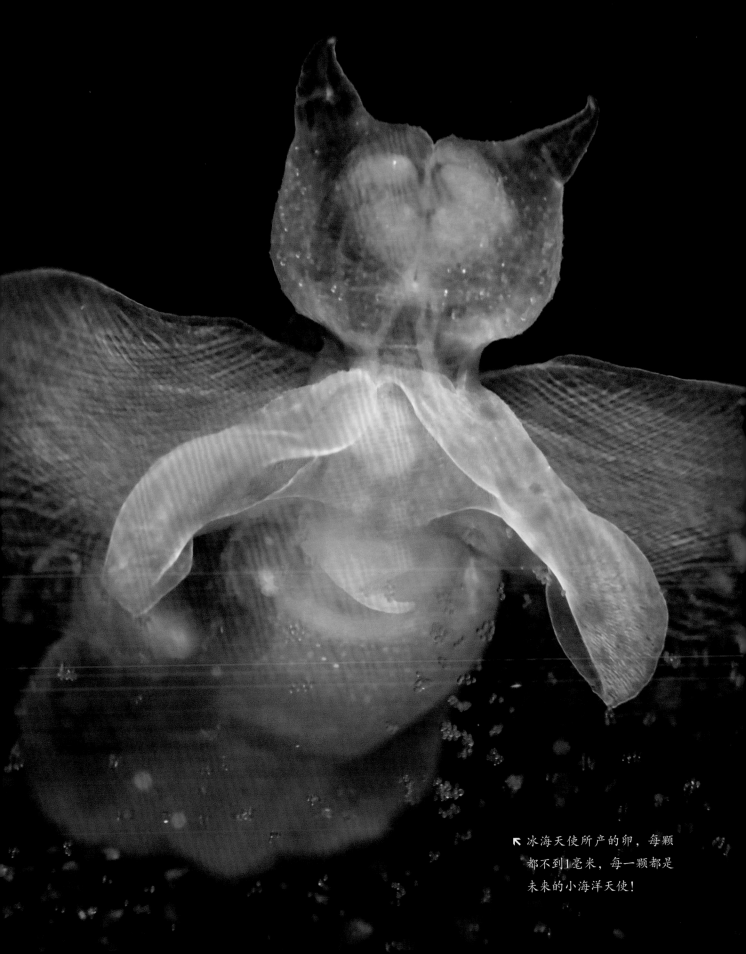

冰海天使所产的卵，每颗都不到1毫米，每一颗都是未来的小海洋天使！

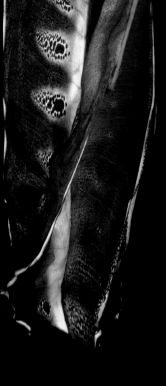

"毯子"，在海水中游动时，就像是一个飘浮在虚空之中的奇特生物，再配上酒红和淡蓝的颜色，场面壮观。然而，如果你碰到的是一只雄性毯子章鱼，可能你会感到失望，因为毯子章鱼是出了名的雌雄两态——雄性毯子章鱼的体长只有 **2.5** 厘米左右！不过，它身体虽小，但勇气可不弱，尤其是在繁殖期，它的茎化腕——一只专门用于繁殖的触手，在交配时会从它的身体撕离。不久之后，雄性毯子章鱼就会因为身体透支而亡，但它将有机会孕育出最多 **10** 万枚卵。

武器库

科学家们认为，毯子章鱼能够从一种毒性极强的管水母——僧帽水母的身上偷取触须碎屑，并将其储存在背部触手的吸盘上，用来当作防御性武器。

动物身份证

拉丁学名：
Tremoctopus violaceus

体形大小：
雌性体长约 2 米

分布范围：
地中海、大西洋。

↖ 毯子章鱼身上的这种酒
红色和淡蓝色在自然界
中十分罕见。

麟角腹足蜗牛

铁甲海蜗牛

麟角腹足蜗牛是在马达加斯加东部被发现的，这是一种体长约几厘米的海洋蜗牛。它和其他蜗牛大不相同！它的生活环境既恶劣又极端，它生活在 2400 米深的海底热泉附近。这里酸度极高，温度有时会高达 350 摄氏度，尽管环境如此恶劣，但我们的小蜗牛自有办法应对。

它的外壳十分坚硬，就像是一件防护盔甲，使得它能够在这种极端的环境下生存，并保护它免遭在附近游荡的捕食者的毒手。对麟角腹足蜗牛外壳的构成和结构感兴趣的科学家们发现，麟角腹足蜗牛的外壳一共有三层：内层比较普通；中层是柔软的有机层，主要起到隔热的作用；外层由硫化亚铁晶粒组成。麟角腹足蜗牛从生存环境中汲取铁元素，使它的外壳变得异常坚固，能够抵御各种打击而不碎裂。麟角腹足蜗牛在宽大的脚上长出了许多鳞片，也能更好地保护自己。直到 2015 年，研究者才正式发布了对该物种的生物学描述。尽管我们对麟角腹足蜗牛的研究还有很长的路要走，但我们已经知道了，从海底热泉中喷涌而出的热水中含有各种矿物质和金属，而麟角腹足蜗牛就是从中获取了它自我保护所必需的铁元素。

↗ 这种深海蜗牛产生的金属鳞片可以保护它不受深海环境的影响。

动物身份证

拉丁学名： *Chrysomallon squamiferum*	
体形大小： 约几厘米	**分布范围：** 印度洋（马达加斯加东海岸）。

贝壳收藏家

缀

壳螺是一种行为奇特的海洋腹足类软体动物，体长在 8 ～ 10 厘米之间，主要生活在热带海洋的砂质海床上。贝壳类动物有着各种各样的形状及构造，往往令人赏心悦目，缀壳螺就是其中的佼佼者，因为它是一位精致的收藏家！这种动物的非凡之处在于，它能够制作一种黏结剂，可以定期地将一些碎片、小贝壳、石头或珊瑚之类的东西固定在自己圆锥形的外壳上，就好像是在用海底各种各样的物品来装饰自己一般！这赋予了它一种非常奇特的外观，使人为之着迷。人们提出了数种假设来解释缀壳螺的这种行为——有可能是用来进行视觉上的伪装，也可能是嗅觉或触觉上的伪装，抑或是为了让自己变得更重、更高、更稳……不论是哪一种，这种行为所造成的结果都令人震惊！每一只缀壳螺都有着自己独一无二的外观，从几何形般匀称的冠状到各种各样胡乱黏结在一起的结构，应有尽有。

背负东西的

缀壳螺拉丁学名中的"xenophora"一词来自于古希腊语，意为"背负他人的，背负陌生人的"。

缀壳螺看起来就像是一尊小型的海洋雕像。↗

动物身份证

拉丁学名：
Xenophora pallidula

体形大小：
体长 8 ～ 10 厘米

分布范围：
中国海域、日本海岸、菲律宾、西太平洋。

需 要注意的是，帆水母虽然长得像一只水母，但它并不是水母。人们之所以将其称为"帆水母"，是因为它的身体上方竖立着一块类似帆板的软骨组织，使得它看起来就像是一只配有桅杆和帆的小舟。帆水母体长约 6 厘米，身体呈椭圆形，颜色淡蓝，长有许多短小的触手，在海面上四处漂浮，与水母有着惊人的相似之处……实际上它是一种水螅纲下属的管水母目动物，其身体由一个浮囊体和附着在浮囊体上的水螅体集群构成。单个水螅体的尺寸为 2 ～ 3 厘米，它们往往彼此连接在一起。每个水螅体都各自负责着不同的任务，如进食、消化、繁殖等，以保证帆水母的生活所需。这些水螅体共分成三种类型：一组排列成一个圆圈的防御性水螅体，这些水螅体含有刺细胞，能够捕捉浮游生物，并将这些浮游生物运送给负责进食的水螅体；负责进食的水螅体是唯一的，且长有一张嘴巴；最后，还有一组专门负责繁殖的水螅体。果然是"人"多力量大啊！

它是一只水母？不，它是水母的表亲！↘

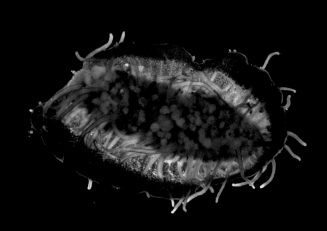

动物身份证

拉丁学名：
Velella velella

体形大小：
体长约 6 厘米

分布范围：
地中海、大西洋北部海域、加勒比海、印度－太平洋海域

这种生物由许多具有各种特定功用
的水螅体构成，大家团结协作，
才能够轻松地生活！

博比特虫

噩梦般的虫子

你可能会对虫子没有什么太大的感觉，然而有些虫子其实是非常可怕的猎食者。博比特虫是一种来自太平洋的海洋动物，生活在海面下 10 ～ 40 米深处。它们非常善于隐藏自己，虽然我们经常只能看到它们从沙洞里伸出来的头，但它们圆柱体的身体实际上可达到 3 米之长！博比特虫的身体呈米褐色，有着彩虹般的光泽。这位极端的猎手有着几对像獠牙一样的下颚，能够以迅雷不及掩耳之势向猎物伸出，绝不给猎物留下任何逃生的机会。博比特虫捕食鱼类和贝类，它的头上生有 5 根带有化学感受器的触角，并通过这些触角来探测身旁的猎物。在抓住猎物之后，博比特虫会将猎物拖进洞穴底部进行吞噬（shì）。此外，它还能够注射毒液来麻醉猎物，因此对潜水员来说，最好与这种动物保持距离，因为一旦相遇，它们会毫不犹豫地发动攻击！

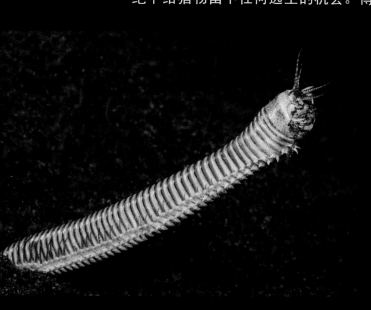

↗ 3米——这是这种海底虫子在世界上目前为止身长的最高记录！

海底霸主

博比特虫完全是海洋生物的噩梦。它具有很强的攻击力和超快的速度，能够瞬间就把猎物撕成两半。

动物身份证

拉丁学名：
Eunice aphroditois

体形大小：
体长可达 3 米

分布范围：
印度洋。

五彩斑斓的外表下，隐藏着令人闻风丧胆的猎食者之心。↘

缓步动物

超越极限

微观世界充满着令人惊奇的动物，而缓步动物无疑是其中最为奇妙的动物之一。它体长在 0.1 ～ 1 毫米之间，长相非常奇特。英国人形象地称它为 "Water bear"（水熊），因为它长得就像是一只长着 8 条腿的迷你小熊，走起路来也缓慢笨拙。世界上共有 1200 种缓步动物，生活在各种各样的环境之中。上至喜马拉雅山巅，下至深海之底，都能够找到它们的身影。它对艰苦环境的适应能力简直让人难以置信。这种微型动物能够进入隐生状态——一种类似于冬眠但却与冬眠大不相同的生存状态，这种技能能够使它抵御各种极端的生活环境。在进入隐生状态之后，它会中止运动，身体几乎完全脱水干干瘪瘪的。不过，只有当它们无法应对周遭环境，或者在水荒（缺水环境）的情况下才会进入隐生状态。进入隐生状态是一个缓慢而复杂的过程，需要尽可能多地散去体内的水分，直到其身体萎缩成一个干瘪的小丸子。这将保护它免受一定程度的外部伤害，比如高温、严寒、真空、压力、辐射……在隐生状态下，缓步动物可以保持数年的时间不喝水，抵御接近绝对零度（零下273.15 摄氏度）的严寒，或是相当于地球大气层 6000 倍的压力，甚至可以在 X 射线的照射下几乎毫无损伤……总而言之，缓步动物绝对是所有微生物中最可爱同时也是最令人印象深刻的动物！

↑ 缓步动物可以在各种极端条件下生存！它甚至可以连续多年不喝水……

缓慢的步行者

"缓步"这个词语来自拉丁语 "tardus gradus"，意思是"缓慢的步行者"。

动物身份证

拉丁学名： *Tardigrada*	
体形大小： 0.1 ～ 1 毫米	分布范围： 全世界。

害羞蟹

又粗又壮

当害羞蟹把它的两只大钳子放在自己的脸前时，它看起来就像是因刚做了什么蠢事而害羞了似的。害羞蟹是一种甲壳类动物，生活在地中海、大西洋北部及东部海岸，颜色不一，从酒红色到淡黄色都有。比较引人注目的是，它那副又鼓又厚的外壳，宽度可达 10 厘米，边缘处有一条尖锐的脊，脊上长着许多小尖齿。科学家们经过研究发现，这副外壳有着惊人的机械性能，简直就是一副真正的盔甲！害羞蟹的两只钳子，尽管很大，但甲壳却并不是很厚。当感觉到危险的时候，害羞蟹会完美地将两只大钳子挡在自己的上颚及感觉器官前，就像是

➔ 它的外壳简直就是一副真正的盔甲，有着惊人的防护能力！

一对能够保护自己的盾牌一样！当它做这个动作时，身体就像个箍得紧紧的圆球。如果觉得这样还不够保险，它会像鳐（yáo）鱼或章鱼一样，在几秒钟的时间内将自己完全埋入泥沙中，只露出两只眼睛观察敌人。这只身强力壮的小螃蟹，其实并不怎么害羞！

都是右撇子！

科学家们发现所有的害羞蟹都是右撇子——它们右边的钳子壳比左边的要更厚一些，这是为什么呢？科学家们对此提出了许多假说，最可能是真实原因的猜想是，害羞蟹用来进食的口位于其外壳的右侧。因此，在右边拥有一只更加强大的钳子必然能够在捕食猎物时发挥出更大的优势！

动物身份证

拉丁学名：	分布范围：
Calappa granulata	地中海、大西洋北部及东部海域、葡萄牙及毛里塔尼亚海岸。
体形大小：	
体宽约 9 ~ 12 厘米	

雀尾螳螂虾

水中"拳王"

雀尾螳螂虾是一种颜色鲜艳的甲壳类动物，外观可爱迷人，体长 30 厘米左右。其身体的亮绿色配上双眼的彩虹色，再加上红色的绒毛及蓝色的触角，令人过目难忘。它被人们形象地称为"彩虹虾""五彩虾""孔雀螳螂虾"。此外，它还有一个外号叫"断指虾"，因为雀尾螳螂虾实际上是一个凶名赫赫的猎食者。它长着一对锋利的前足，很容易让人联想到螳螂的前肢，这一对前足像棍棒一样，能够进行精准、有力的打击！这对前足被比身体其他地方厚 5 倍的甲壳所覆盖，使得雀尾螳螂虾可以在几毫秒的时间内将猎物击晕并敲碎。雀尾螳螂虾在面对猎物时很少退却，经常攻击体型比它更大的猎物。攻击时它能够以超过 80 公里 / 小时的速度向猎物挥出自己的前足，这是目前在生物界中所观测到的最快动作之一：有研究表明，其前足所经受的加速度可媲美步枪子弹。雀尾螳螂虾还有着超凡的视力，它的双眼由成千上万的复眼构成，使它能够区分各种颜色。此外，它的眼睛还能够独立移动、旋转，为它提供 360 度无死角的视野。现在，你还觉得雀尾螳螂虾只是可爱吗？

↗ 这些五颜六色的虾是可怕的猎手！

腿上的热水器

雀尾螳螂虾的两只前足伸展的速度实在是太快了，由摩擦产生的瞬间高温甚至能让它周围的水沸腾。

动物身份证

拉丁学名：	分布范围：
Odontodactylus scyllarus	印度洋、太平洋、日本南部、澳大利亚、新喀里多尼亚。
体形大小：	
体长约 30 厘米	

红色、橙色、绿色、蓝色、紫色……雀尾螳螂虾简直就是一道长着腿的小彩虹！

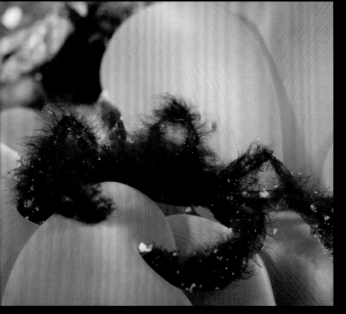

于将其和红毛猩猩做比较，但红毛猩猩蟹它自己可对此没什么兴趣。它的毛能收集漂浮在水中的碎屑，它的食物就是那些悬浮在水中的浮游生物。也许它并没有猩猩那么聪明，但作为一只螃蟹，它已经很棒了，不是吗？

蜘蛛蟹

红毛猩猩蟹隶属于尖头蟹科，此科共包括 200 多种蜘蛛蟹。红毛猩猩蟹的名字来源于它那对比身体长许多、形状酷似红毛猩猩双臂的蟹腿。

动物身份证

拉丁学名：
Achaeus japonicus

体形大小：
体长约 1.2 厘米

分布范围：
印度－太平洋海域。

一只长着红毛的螃蟹？
这在甲壳类动物中可不常见！↘

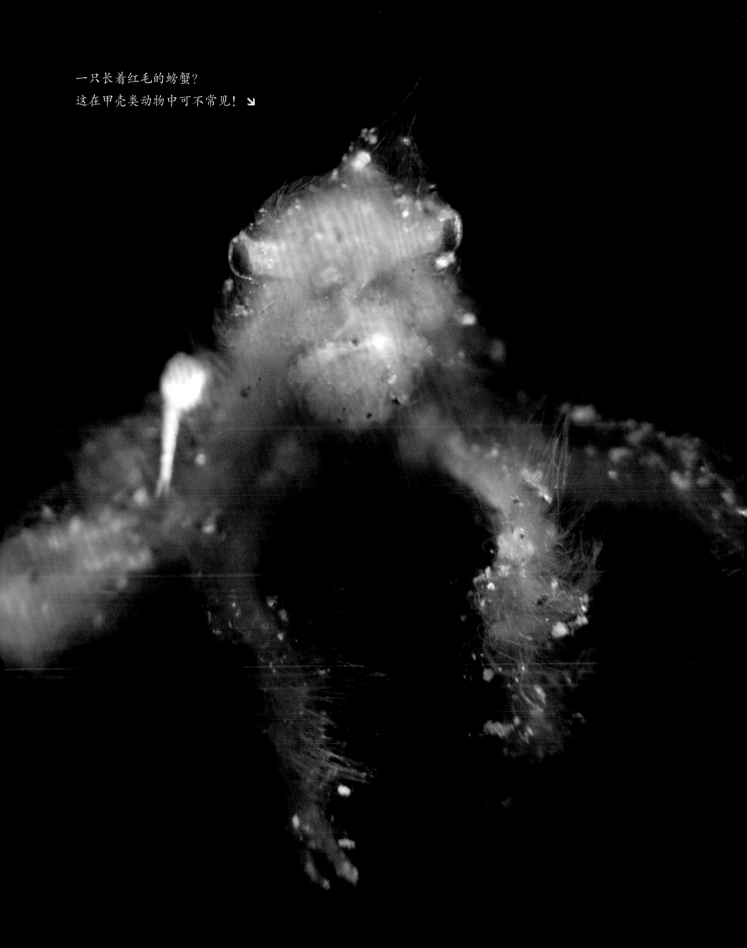

纹细螯蟹的一对钳子除了用来抓住海葵之外别无他用，因为海葵并没有附着在它的身上。如果不小心掉了一只海葵，花纹细螯蟹会条件反射般地将另一只海葵切成两半，而被切开的海葵会各自再生长成独立完整的海葵。在蜕皮的时候，花纹细螯蟹会聪明地将两个绒球放下来，换完新壳后再将其捡起来。真是一种有趣的共生关系！

大凡规则，必有例外

　　在无脊椎动物中，花纹细螯蟹使用工具的案例是非常罕见的。

动物身份证

拉丁学名：
Lybia tesselata

体形大小：
体宽不到 2 厘米

分布范围：
印度 - 太平洋海域、红海。

海葵是花纹细螯蟹的终生盟友。↘

毛发旺盛的螃蟹

它是一只伪装成雪人的螃蟹！雪人蟹是一种非常有趣的甲壳类多毛动物，体长 15 厘米左右，于 2005 年在位于南极 - 太平洋海岭上的复活节岛南部的一处海底热泉附近被发现，一个全新的甲壳类生物属——基瓦属，也因此诞生了。雪人蟹的特点是腿上布满了密密麻麻的白色长毛，它的螯足有点像是带着一副连指手套的手，看上去，与传说中可怕的雪人十分相似！科学家们将雪人蟹的毛放在电子显微镜下观察，发现其表面布满了丝状的细菌群落。这些细菌被认为能够帮助雪人蟹进食，与雪人蟹形成了一种共生关系。2011 年，第二种雪人蟹——普拉维达雪人蟹被发现，从那以后，陆续有新的甲壳类基瓦属动物被发现，而这个年轻的神秘生物属类正在逐渐壮大。

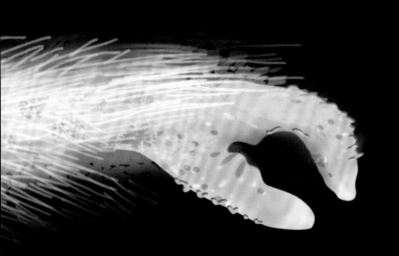

海洋守护者

雪人蟹又称"基瓦多毛怪"，而"基瓦"（Kiwa）在某些毛利部落中，意思为"海洋守护者"。

动物身份证

拉丁学名：	分布范围：
Kiwa hirsuta	太平洋南部海域。
体形大小：	
体长约 15 厘米	

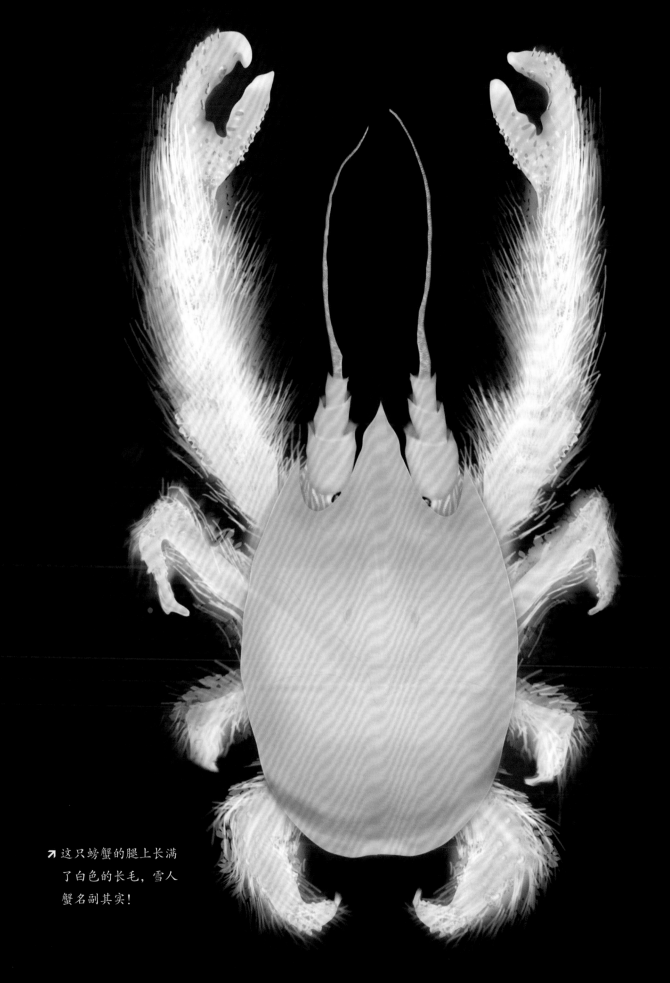

↗ 这只螃蟹的腿上长满
 了白色的长毛，雪人
 蟹名副其实！

缩头鱼虱

替代掉鱼的舌头

缩头鱼虱在出生的时候是雄性，但它可以变成雌性！ ↘

这种小型的等足类甲壳动物，体长约 3 厘米，是世界上最狡猾的寄生虫之一。有寄生虫便会有宿主，何谓"宿主"？宿主就像是一栋活着的房子，为寄生虫提供一个舒适的家，使它能够生长发育并进行繁殖。而缩头鱼虱非常喜欢鱼——好吧，其实它最喜欢的是鱼的舌头。当缩头鱼虱还在幼虫阶段的时候，它会借着洋流漂动，趁机钻进宿主鱼的鱼腮之中，并将自己紧紧地吸附在鱼舌的根部。然后它就会通过身体前面三对爪子一样的前足吸食鱼舌里的血液，随即偷偷地生长和蜕皮，它会继续吸食宿主舌头的血液，直到鱼的舌头完全萎缩，只剩下一小截残舌……在一段时间后，缩头鱼虱就会将自身吸附在残舌的肌肉纤维上，成为鱼舌的替代品或者称作是"假舌"，使得宿主鱼能够继续"正常地"进食和生存。缩头鱼虱可真是个大舌头！

一条会变性的虱虫

所有的缩头鱼虱在出生的时候都是雄性，它们只有在找到一条漂亮的舌头寄居之后才会变成雌性。因此，缩头鱼虱的繁殖是在……鱼嘴里进行的！

动物身份证

拉丁学名：	分布范围：
Cymothoa exigua	英国及加利福尼亚海岸。
体形大小：	
体长约 3 厘米	

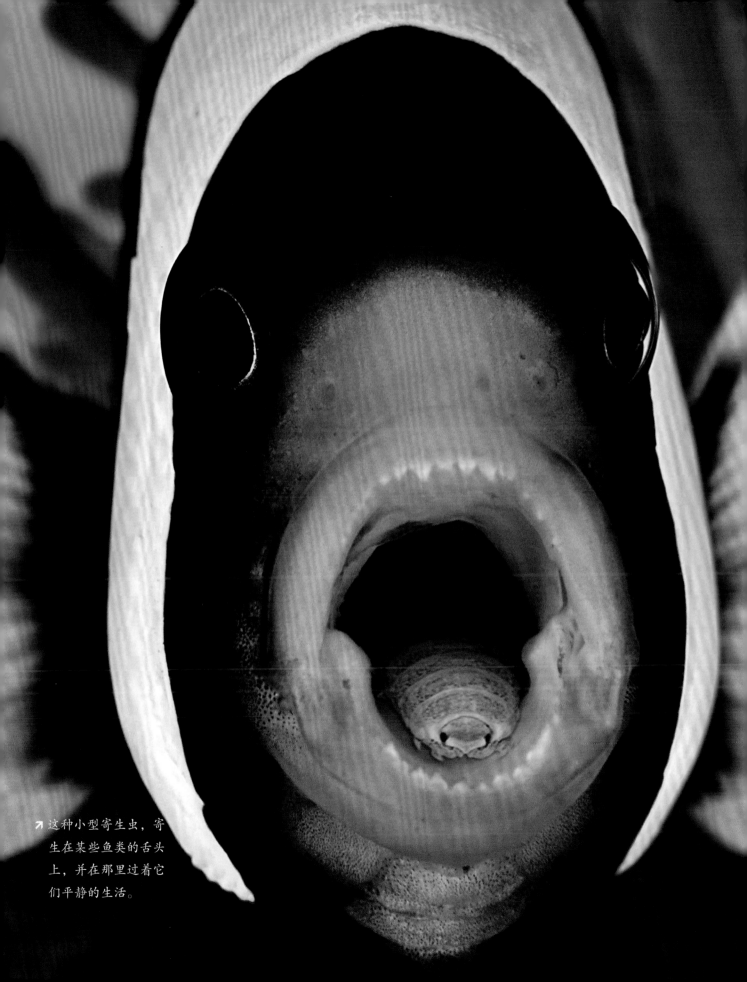

↗这种小型寄生虫，寄
生在某些鱼类的舌头
上，并在那里过着它
们平静的生活。

盲蛛是蛛形纲盲蛛目动物的统称。下图中的动物是盲蛛类动物中最有趣的代表之一——兔头盲蛛。兔头盲蛛虽然看起来很像蜘蛛，但它并不是蜘蛛。比如，兔头盲蛛不能像蜘蛛那样吐丝或产生毒液，而且它的腹部和头胸部是融合在一起的。这种只有几毫米长的物种生活在厄瓜多尔的热带雨林中，它体型圆胖，身体上长有两个酷似长耳朵的突起，容易让人联想到兔头。尽管兔头盲蛛是由德国博物学家卡尔·弗里德里希·罗沃（Carl Friedrich Roewer）在 1959 年发现的，但直到 2017 年，由野生动物摄影师安德烈亚斯·凯（Andreas Kay）所拍摄的一张照片才让它名声大噪，引起了广大网友的关注和好奇。我们仍然对兔头盲蛛所知甚少，因为自从它被发现以来，有关它的科学研究少之又少，但毋庸置疑的是，它是所有盲蛛中最可爱的一种！

这不是一只小兔子……↘

动物身份证

拉丁学名：
Metagryne bicolumnata

体形大小：
几毫米

分布范围：
厄瓜多尔。

鹈鹕(tí hú)蜘蛛

蜘蛛猎手

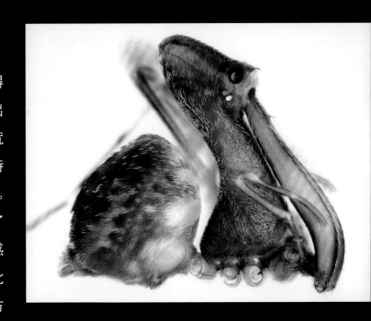

◤ 这只蜘蛛看起来就像是……一只鹈鹕！

这是一只长得非常古怪的蜘蛛！它的身体长得像人类的肘关节，长长的口器从头部伸出来，有些类似于鸟类的喙（huì），这使它看起来就像是一只迷你版的鹈鹕。鹈鹕蜘蛛是马达加斯加特有的物种，体长只有几毫米，生活在热带雨林中。如果说它的外观让你感到惊讶，那么，在你了解了更多有关于它的狩猎技巧后，你会有一种惊艳的感觉。鹈鹕蜘蛛又被称作"刺客蜘蛛"，之所以如此称呼它，是因为它不织网，不用这种被动狩猎的方式来捕捉猎物，而是喜欢主动出击！它那非比寻常的长口器和螯肢极具操控性，可以以闪电般的速度挥舞到距身体 90 度的地方进行攻击和抓取猎物。它专门猎食其他蜘蛛，是一种吃同类的动物！如果说这种蜘蛛让你感到惊讶，那么你所不知道的是，在马达加斯加、澳大利亚和南非，还存在着许多其他种类的鹈鹕蜘蛛，它们拥有着各种各样的样貌，而且每一种都能让你看到后大吃一惊！

一项惊人的发现！

1854 年，人们发现了一只保存在琥珀中的鹈鹕蜘蛛，可以追溯到 5 万年前。当时的博物学家们认为这种动物已经完全灭绝，但在 1881 年，他们在马达加斯加发现了第一批鹈鹕蜘蛛！

动物身份证

拉丁学名：
Eriauchenus milajaneae

体形大小：
几毫米

分布范围：
马达加斯加、澳大利亚和南非。

孔雀蜘蛛

天下无双的舞者

请先试着暂时克服你对蜘蛛的恐惧，因为这种蜘蛛肯定会引发你的兴趣。孔雀蜘蛛是澳大利亚特有的一种跳蛛。它体型很小，只有约莫 4 毫米长。但是在狩猎或躲避危险的时候，它却能一跃而起！和其他蜘蛛不同，它不靠织网捕食，它是直接跳向自己的猎物，但它偶尔也会用丝来做茧。让我们再来看看它那奇特的外观，孔雀蜘蛛的腹部长有鲜艳的彩虹色花纹，再加上它那一排眼睛，使它看起来非常具有吸引力。不过，这些漂亮的标志只有雄性孔雀蜘蛛才有，这是它们的专属特征，主要是用来吸引比它们体型更大、长相平庸的雌性孔雀蜘蛛的。雄性孔雀蜘蛛还会

➚ 孔雀蜘蛛的雄性会通过跳舞来吸引异性。

表演奇特的舞蹈，再配合上身体的震动和鲜艳的颜色使它们显得魅力无穷。在碰到心仪的异性时，它会编排一套有节奏的舞蹈动作，然后开始扭动身体，就像孔雀开屏一样，为它的爱人带来一场非比寻常的表演。这是不是很迷人的小东西？

这是用来滑翔的！

英国动物学家奥克塔维厄斯·皮卡德 - 坎布里奇（Octavius Pickard Cambridge）在 19 世纪末首次描述了这种蜘蛛，它写道："很难用语言去描述这种蜘蛛颜色的美丽"。他最初将其命名为"飞行跳蛛"（*Maratus volans*），因为他认为这种蜘蛛奇特的腹部是用来在空中滑翔的。

动物身份证

拉丁学名： *Maratus volans*	**分布范围：** 澳大利亚。
体形大小： 体长约 4 毫米	

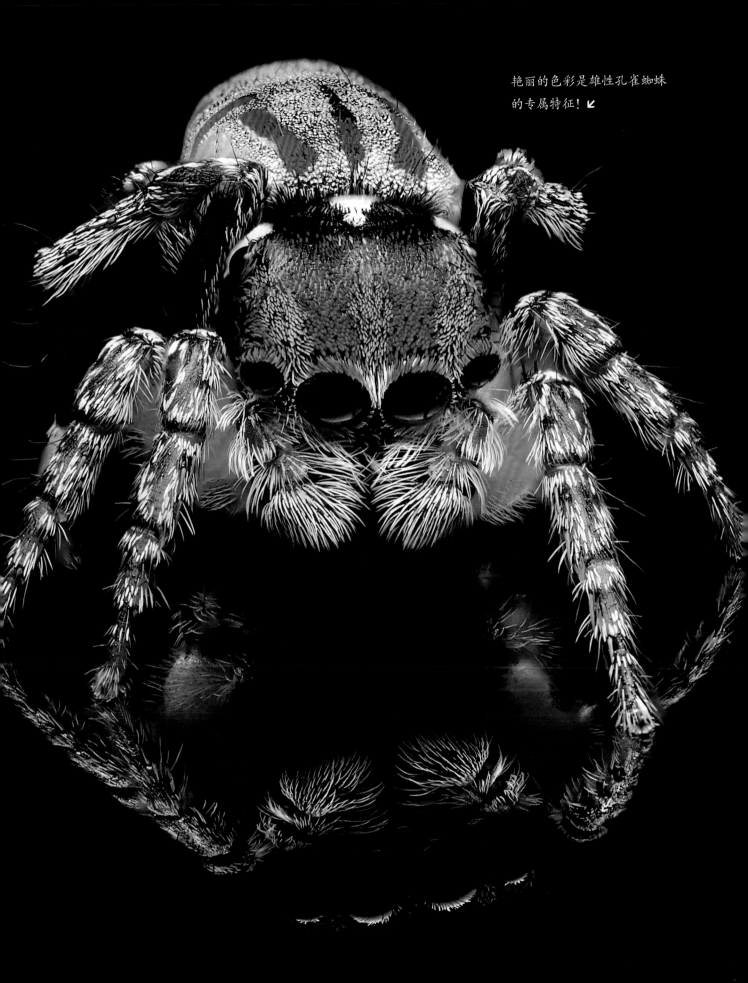

艳丽的色彩是雄性孔雀蜘蛛
的专属特征！↙

腹蛛的体型大小在 19 ～ 30 毫米之间，和所有的蜘蛛一样，它有八条腿，但它的腹部暗藏机关。特氏盘腹蛛的腹部隆起，末端是一个扁平的硬质圆盘，圆盘上面有着许多纹路和凹槽，看起来非常奇特。事实上，它的腹部是用来堵塞它的洞穴的。这种蜘蛛生活在砂质黏土中，它会在砂质黏土里挖一个小洞穴，然后待在里面。当待在洞穴里的时候，它的身体前部伸入洞穴之中，然后用腹部紧紧地堵住圆形洞口，就像是一扇无法穿透的地板门。捕食者本来就不容易发现它，更何况它腹部圆盘上的图案还跟土壤或植物碎屑的纹理十分相似。尽管已经有 7 种盘腹蛛被发现了，但对于科学家们来

➚ 它的腹部呈塞子状，主要是用来封闭它的洞穴的。这种身体结构别具一格，是不是？

说，在野外研究这种类型的蜘蛛仍然非常困难，因为它们实在是隐藏得太好了。这 7 种盘腹蛛都是这么多年来一点一点慢慢被发现的，都是非常稀有的物种！

雄性隐藏得更好

对盘腹蛛属的物种描述，大多是基于雌性标本。事实上，在野外想要观测到雄性盘腹蛛是相当困难的，因为它们的生命周期非常短，在成熟之后某个非常确切的时间段就会立马离开洞穴，去寻找雌性。

动物身份证

拉丁学名：
Cyclocosmia truncata

体形大小：
体长 19 ～ 30 毫米

分布范围：
美国。

阿拉伯避日蛛

不受欢迎的蜘蛛

阿拉伯避日蛛又被称作"骆驼蜘蛛"，外形看起来既像蜘蛛又像蝎子，可它实际上是一种生活在沙漠中的蛛形纲动物。它体长 3 ~ 5 厘米，我们之所以会认为它有 10 条腿而不是 8 条，是因为它有一对和腿一样长的须肢——一对用来触摸物体的附肢。那对巨大的螯肢和钩形口器，让它看起来有点不伦不类。阿拉伯避日蛛白天蜷缩在洞穴底部，并用枯叶挡住洞穴的入口。避日蛛这个名字来自拉丁语中的"Solifugae"，意为"避开太阳的"。只有在晚上，它才会活跃起来，并开始猎食。此外，它移动的时候速度非常快，可达每小时 16 公里！阿拉伯避日蛛曾有着非常糟糕的名声——在传说中，它是一种体型巨大的怪物，能够在

▲ 这种蜘蛛只生活在沙漠之中。

睡梦中吞噬骆驼并攻击人类。然而，和传说相比，现实中的阿拉伯避日蛛基本对人类无害，但如果你惹恼了它，它会具有攻击性，用它的钩牙狠狠地咬你……

非常糟糕的名声

以下是一些和骆驼蜘蛛有关的传言：骆驼蜘蛛会吃骆驼的肚子，并会在骆驼的皮肤下产卵；它们会在奔跑时发出尖叫；被骆驼蜘蛛咬中后，你的皮肤和肌肉会坏死……这些传言许多都是在海湾战争期间被传播开来的。

动物身份证

拉丁学名：	分布范围：
Galeodes arabs	北非地区、埃塞俄比亚、索马里、沙特阿拉伯、以色列、黎巴嫩、伊拉克、伊朗。
体形大小：	
体长 3 ~ 5 厘米	

乳突棘蛛

带刺的蜘蛛

乳突棘蛛属于棘腹蛛属，该属包括 70 个蜘蛛的品种。这些蜘蛛有着非常奇特的颜色和形状，看起来就像是一些小宝石，在世界各地都可以找到它们的身影。乳突棘蛛遍布整个美洲大陆，从美国到阿根廷都有分布。雌性乳突棘蛛比雄性体型大，也就是我们所说的"两性异形"。雌性乳突棘蛛体长在 5 ～ 13 毫米之间，而雄性则只有 2 ～ 3 毫米。乳突棘蛛的腹部异常宽大，上面生有 6 根腹刺和一些黑色的小斑点，看起来就像是戴在身体上的一顶滑稽的彩色帽子。腹刺的颜色多种多样，从红色到橙黄色。它身体的其他部分，则全都是黑色的。乳突棘蛛在猎食时会将猎物引到自己所织的网中，网的直径在 30 ～ 60 厘米。它只吃猎物体内的脏器，尤其喜欢喝猎物的血液。为了繁殖，雄性会在雌性的蛛网中震动，然后小心翼翼地接近雌性。交配就在蛛网上进行，持续时间大约是 35 分钟。 之后，雌性会产下 100 ～ 260 枚卵。

尽管乳突棘蛛的外观有些令人望而生畏，但这种蜘蛛对人类并不构成任何危险。

↗ 这种蜘蛛以猎物体内的脏器为食。

一种非常有用的小蜘蛛！

这种小蜘蛛已被证明是农民对付某些害虫的好帮手！乳突棘蛛喜欢在一些农作物上定居，比如柠檬树。它会以农作物上的小昆虫为食，所以有助于控制害虫的数量！

动物身份证

拉丁学名：	
Gasteracantha cancriformis	
体形大小：	**分布范围：**
性别不同，体长也不相同，约 2 ～ 13 毫米	美洲大陆。

如果说这种蜘蛛身上的花纹
让人惊叹，那么它身上的刺
则更让它与众不同！

镜面蜘蛛

身上长着"镜片"的蜘蛛

镜面蜘蛛体长 3 ～ 4 毫米，看起来有点像是八九十年代迪斯科舞厅里的灯球。这种蜘蛛的特征是腹部长着许多像镜片一样能反射光线的银色小亮片。这些小亮片能散射光线，使捕食者难以看到镜面蜘蛛，因为它就像是一颗在植物上亮晶晶的水滴。科学家认为，这些小亮片是由蜘蛛色素细胞中的鸟嘌呤晶体构成的。这些色素细胞可以反射光线，通过光的衍射形成彩虹色。这些细胞就位于蜘蛛腹部透明的角质层（皮肤）下面，一些镜面蜘蛛甚至能够通过收缩肌肉来收紧这些色素细胞，从而使这些小亮片的大小和颜色可以发生变化。魔镜啊，神奇的魔镜，我是所有蜘蛛中最漂亮的那一只吗？

↗ 这种蜘蛛身上长着一些能够反光的银色亮片……

镜片之下……

镜片蜘蛛身上那些反光亮片上的银色鸟嘌呤沉淀物实际上是它们消化食物而产生的一种副产品。这些鸟嘌呤不是随着它们的粪便排出，而是直接从肠道的表面排出，并堆积而形成这些小亮片。

动物身份证

拉丁学名： *Thwaitesia argentiopunctata*	分布范围： 澳大利亚。
体形大小： 体长 3 ～ 4 毫米	

这些银色的小亮片由鸟嘌呤构成，鸟嘌呤是一种消化过程中产生的副产品。↘

利·波特》里的分院帽。发现这一物种的科学家决定将其命名为"格兰芬多毛园蛛"，这个名字参考了霍格沃兹四学院之一格兰芬多学院的名字，同时也希望借此来强调"无脊椎动物的魔力及它们的神秘生活"！然而，我们这只低调的小蜘蛛其实只是想要让自己看起来像一片枯叶才长成这样的，和魔法帽其实并没有什么关系。为了躲避捕食者，在白天的时候，它会躲在印度某些雨林中的枯叶堆或干燥的植被中。它的腹部能够模仿某些干枯叶子的末端，使自己的伪装变得十分完美，就像是施了魔法一样！尽管我们目前对格兰芬多毛园蛛仍知之甚少，且迄今为止还没有任何一只雄性被观测到，但我们跃跃欲试地想要去了解它们所有的秘密。

↗ 人们将其比作是魔法帽，但实际上它想要模仿的只是一片枯叶！

真正的明星！

你知道吗？很多物种是用明星的名字来命名的，或者跟流行文化有关。科学家在取名时可以完全放飞自己的想象力，比如：一只苍蝇以碧昂丝的名字命名；一只蜘蛛以奥巴马的名字命名；一只三叶虫的名字参考了《星球大战》……

动物身份证

拉丁学名：
Eriovixia gryffindori

体形大小：
几毫米

分布范围：
印度。

黑条灰灯蛾

雄性黑条灰灯蛾有着像触手一般的毛茸腺体，会散发香味来吸引雌性！↘

爱情的触手

黑条灰灯蛾是一种灰赭色相间的蛾子，在东南亚和澳大利亚的大部分地区都能找到它们的身影。在日常生活中，这种昆虫的外观非常普通，然而一旦到了繁殖季节，它就会呈现出一种非常奇特的外观。在黑暗中寻找自己的另一半可能是一件非常复杂的任务，因此，当黑条灰灯蛾需要寻找配偶的时候，它会向空气中发送性信息素，借此开创出一些挥发性的小型化学通路，通过这些通路可以找到对方。在灯蛾亚科的蛾子中，雄性灯蛾都长有发香器，一种类似于长条形充气袋的器官，展开后能够优化性信息素的扩散并吸引雌性。这些发香器一般都不是很明显，但在黑条灰灯蛾的身上却与众不同，尽管在毛毛虫阶段所吃食物的不同，发香器的大小会发生变化，但跟它们身体比较起来，发育器仍然显得非常巨大。这些发香器展开之后，黑条灰灯蛾的身上就像是突然伸出了四条长度堪比其身体的巨大毛茸触手。黑条灰灯蛾是一种对人类无害的神奇小生物！

一切都和毛毛虫阶段有关

对黑条灰灯蛾来说，性信息素是由一种叫作吡咯里西啶生物碱的物质合成的，这种生物碱是它在毛毛虫阶段时从其所吃的植物中吸收而来的。科学家们发现，雄性黑条灰灯蛾体内的这种生物碱积累得越多，其发香器的尺寸就越大，能够产生的性信息素也就越多！在毛毛虫阶段吃得太少的黑条灰灯蛾甚至有可能无法长出发香器，因此也不能进行繁殖。

动物身份证

拉丁学名：
Creatonotos gangis

体形大小：
休长约 4 厘米

分布范围：
东南亚、澳大利亚。

圣歌女神裙绡(xiāo)蝶

与众不同的蛹

➤ 圣歌女神裙绡蝶的蛹壳是完全金属化的。

大自然为我们提供了许多非凡的颜色和形状，有些物种的外观简直令人叹为观止。圣歌女神裙绡蝶是一种翼展 6 厘米左右的蝴蝶，生活在南美洲的雨林中。但真正让我们感兴趣的不是这种蝴蝶，而是它的蛹。圣歌女神裙绡蝶的蛹就像是一件放置在自然界中的金色珠宝，其金属一样的外观令我们惊讶和着迷。我们都知道蛹是很脆弱且非常容易受到伤害的，因此，许多蝴蝶的蛹通常都有着植物的颜色，这样它们才能够更好地隐藏自己，与周围环境融为一体。可是，为什么圣歌女神裙绡蝶的蛹是这样金光闪闪的呢？作为一只毫无防备的蛹，这样是不是有点太过于浮夸和冒险？恰恰相反！它实际上是借助了光的反射，这要归功于一种名叫"甲壳素"的天然分子，这种分子存在于许多甲壳虫的体内，能够使它们具有一种金属的外观。科学家们认为，这种金光闪闪的外观能够使捕食者产生错觉，以为这只蛹只是一滴水或者一束光的反射。这种技巧在其他许多种类的蝴蝶中也能够找到！

堪比金子的昆虫！

据说在南美洲的哥斯达黎加，这些蛹曾经被当作货币使用，因为它们的光泽让人联想到黄金。然而科学家们认为，这则轶事虽然很有吸引力，但并不真实，原因在于：首先是因为圣歌女神裙绡蝶的蛹十分脆弱，其次是因为其金属外观出现的时间非常短暂，只能持续几天而已。

↗ 这是一个太阳光的亮点？

　不，这是一只蛹！

的唾液。完成这些步骤之后，它就会带着"建筑原材料"飞走，找到一个有附着力的表面——比如一堵抹灰的墙。然后，它就像是一个专业的泥瓦匠一样，开始在这个表面上建造它那如爱斯基摩人雪屋一般的巢穴，并小心地为巢穴留下一个出口。一旦巢穴建造完毕，它就会去寻找它的小猎物——毛毛虫、蜘蛛等，并用尾针将其麻痹，再把它们放在自己建造的巢穴中。泥蜂会趁着这些猎物还活着的时候在它们的体内产卵，泥蜂的幼虫会以它们的身体为食，长大后会从这些"食物"的体内钻出，而这座用黏土建造的小巢穴则会一直保护着泥蜂的幼虫成长。这些泥蜂是不是很聪明？

这些小小的泥蜂会用黏土或沙子筑巢。 ↙

捷足先登的苍蝇

某些苍蝇有时会趁泥蜂不在的时候在它们的巢穴里产卵，然后苍蝇的幼虫会更早地出生，并赶在泥蜂幼虫孵化之前享用它们的食物。

动物身份证

拉丁学名：	
Vespidae、*Sphecidae*、*Crabronidae*	分布范围：
体形大小：	欧洲、非洲、中东、亚洲。
体长 2 ~ 3 厘米	

泥蜂能够麻痹它们的猎

物……。↘

色，成长两个月后发育成蛹。这种罕见的、备受关注的飞蛾无法在欧洲进行饲养，因为它们很难进行交配。而我们对于它们在自然界中的生活却依然所知甚少……真是神秘的彗尾飞蛾！

为了繁衍后代而生！

马达加斯加彗尾飞蛾的寿命只有 4～6 天，而且都是在忙着繁衍后代。它甚至不进食，因为成年之后它的吻管已经完全萎缩！

动物身份证

拉丁学名：
Argema mittrei

体形大小：
体长约 30 厘米

分布范围：
马达加斯加。

它是世界上最大的蝴蝶之一，
其雄性可达30厘米！ ←

熊猫蚂蚁

一只外观像熊猫的蚂蚁？不，这是一只蚁蜂！ ↗

不是很蚂蚁

有时我们不能过于相信某些动物的通俗叫法，比如熊猫蚂蚁它就不是一只蚂蚁，而是一只蚁蜂！熊猫蚂蚁喜欢独居，体长约为 1 厘米。雌性熊猫蚂蚁是一种陆栖（qī）动物，没有翅膀，在时机成熟的时候会钻到地下寻找合适的地方产卵。它那黑白相间的绒毛很容易让人联想到可爱的熊猫，不过在熊猫蚂蚁的身上，这些绒毛是对捕食者的一种威慑信号，是一种警告手段。它能用背上的毒刺进行强有力的攻击，如果被它的刺蜇到，疼痛感会非常强烈。尽管被熊猫蚂蚁蜇到并不致命，但在智利，人们还是给它起了个"奶牛杀手"的外号。熊猫蚂蚁不喜欢吃竹子，而是喜欢以花蜜和一些小型的无脊椎动物为食。熊猫蚂蚁还有一个独特的技能——它能够发出声音！在其身体的尾部有一个发声器，使它能够发出高频率的鸣叫声。科学家们认为这些声音是一种交配信号。

有毒的雌性

在包括蚂蚁、蜜蜂和胡蜂在内的膜翅目动物中，只有雌性会蜇人。它们的刺，现在已经进化成带有毒性，但最初那只是一根用来产卵的产卵管，并没有毒性。

动物身份证

拉丁学名：
Euspinolia militaris

体形大小：
体长约 1 厘米

分布范围：
智利。

蜂鸟鹰蛾

飞行冠军

▶ 这只类似蜂鸟的飞蛾正在一边飞行一边采蜜！

在大白天碰到一只蜂鸟鹰蛾一直都是一件非常有趣的事情。它总是疯狂地拍打着自己的翅膀，它那锐利的眼神、小而扁的尾巴和夸张的口器，很容易让人误以为它是一只小蜂鸟，但它实际上是一只蝴蝶！蜂鸟鹰蛾的翼展约为 5 厘米。它有一项独特的技能，就是它会一边悬停飞行一边采蜜。它能够非常精准地悬停在植物前，并完美地控制自己的移动路线，从这朵含蜜的花飞到那一朵，用口器吸食美味的花蜜。它之所以能够悬停飞行，秘诀在于它翅膀的拍打频率能高达每秒 75 次。蜂鸟鹰蛾和蜂鸟一样，在飞行中拍打翅膀，由于速度太快，会看不清它的动作。而当它决定改变飞行方向时，它可以以每小时 40 公里的速度飞行！蜂鸟鹰蛾是一种迁徙性昆虫，其长途飞行的能力令人惊叹。在冬季，它们栖息在温暖的国家，到了夏天，它们就会前往气候比较凉爽的国家。如果你在法国看到了蜂鸟鹰蛾，很有可能它是来自于非洲西北部的马格里布地区。

蜂鸟蛾还是蜂鸟鹰蛾？

蜂鸟鹰蛾的名字和绰号之多，令人叹为观止，有将近 30 个：蜂鸟鹰蛾、蜂鸟蛾、麻雀天蛾、小豆长喙天蛾、鸭尾天蛾……你最喜欢它的哪个名字呢？

动物身份证

拉丁学名：
Macroglossum stellatarum

体形大小：

分布范围：
欧洲、亚洲、北非。

↗ 在它茂密的毛发下面，
隐藏着许多小吸盘！

长满了厚厚的绒毛。不过这些突起并不是用来爬行的，因为它的脚就藏在这些突起的下面，脚上面还长着许多小吸盘。如果我们把它翻过来，我们会发现它就是一只小毛毛虫，只不过是穿上了一件外套来伪装自己而已。那么，它这是在模仿毛茸茸的蜘蛛来吓跑捕食者吗？有这样的可能。不过，除了长得令人印象深刻之外，这种3厘米长的毛毛虫还非常蜇人。它的橙褐色绒毛由枝刺和毒毛组成，如果我们不小心触碰到这些毒毛，就会引起剧烈的疼痛。所以，只用眼神去"触摸"它就好啦！

毛毛虫还是鼻涕虫？

猴形刺蛾隶属于刺蛾科，刺蛾科的飞蛾在英语中被称为"鼻涕虫飞蛾"，因为它们的所有幼虫都长得有点像鼻涕虫！

动物身份证

拉丁学名：
Phobetron pithecium

体形大小：
体长约 3 厘米

分布范围：
美国东南部。

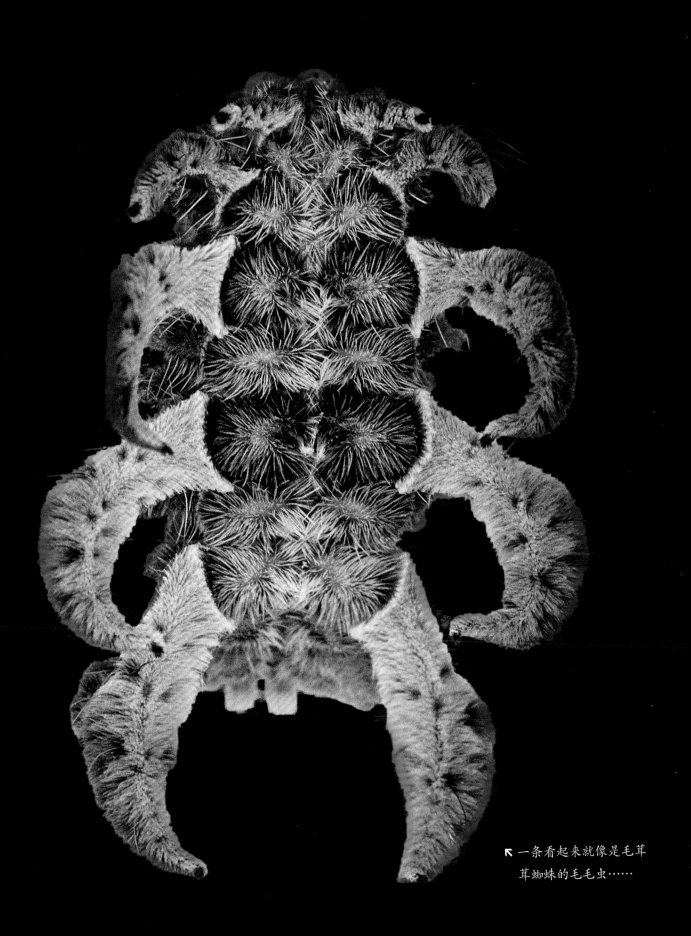

一条看起来就像是毛茸茸蜘蛛的毛毛虫……

兰花螳螂

伪装成一朵花

兰花螳螂生活在东南亚的热带雨林中。在这样的植物环境之中，还有什么比漂亮的伪装更加能够完美地吸引猎物呢？兰花螳螂的身体呈粉红色，它通过将自己伪装成一朵花来引诱猎物。一些在附近采蜜的授粉昆虫来到兰花螳螂的面前，天真地以为它是一朵花，丝毫没有意识到这实际上是一个死亡陷阱。兰花螳螂的大长腿不仅颜色像花，形状也长得像花瓣。而兰花螳螂还故意摆出姿势可以把自己变得更像是一朵婀娜俏丽的兰花，这就是我们所说的"攻击性拟态"，也就是采用完美的伪装来进行攻击和觅食的现象。使用"攻击性拟态"的昆虫通常在花朵上进行伪装，然后等待猎物自动上门，但兰花螳螂的神奇之处在于，它不依赖于花朵，而是直接将自己伪装成花朵！此情此景，让人只想高歌一曲："一朵漂亮的花披着螳螂的皮，一只漂亮的螳螂把自己打扮成了一朵花……"

↗ 兰花螳螂将自己伪装成花朵以更好地吸引猎物。

邪恶之花

科学家们发现，兰花螳螂比它们所模仿的花朵更容易吸引授粉昆虫。在使用了光谱仪之后，科学家们发现，兰花螳螂身上颜色的波长与花朵颜色的波长一模一样！因此，这些膜翅目飞行动物——兰花螳螂的猎物，更是完全无法分辨了！

动物身份证

拉丁学名：
Hymenopus coronatus

体形大小：
体长约 6 厘米

分布范围：
东南亚、印度尼西亚、马来西亚。

人们很容易将它认作
一朵兰花！

玫瑰枫叶蛾

艳丽糖果色

玫瑰枫叶蛾的名字，听起来就像是某种甜美的香草覆盆子糖果品牌，你是不是已经在流口水了？而它的外观也会让你心生喜爱，玫瑰枫叶蛾是一种生活在北美的小型夜行性飞蛾，翼展 2 ～ 5 厘米。它有着与众不同的颜色，让人看一眼就难以忘记！它的翅膀上点缀着像糖果一样的亮黄色和玫瑰色花纹，非常有特色。头部和胸部生有黄色的绒毛，并长着两个羽毛状的触角。好一只漂亮可爱的小飞蛾！人们之所以将它和枫叶联系在一起，是因为雌性玫瑰枫叶蛾在交配后会在枫叶上产卵，卵的数量大约有 200 枚，每 10 ～ 30 枚为一组。两周后，小毛毛虫会以枫叶为食直至蜕变成蛹，破蛹而出后，它们就会和父母一样变成美丽的糖果色飞蛾，然后再开始新一轮的繁衍循环。尽管某些玫瑰枫叶蛾的颜色偏苍白且不具有玫瑰红色，但它仍然是世界上最美丽的飞蛾之一。

➚ 玫瑰枫叶蛾有着黄色的绒毛和像羽毛一样的触角。

最小的飞蛾

玫瑰枫叶蛾是蚕蛾科大家庭中体型最小的飞蛾，蚕蛾科的飞蛾以能吐丝而闻名。

动物身份证

拉丁学名： *Dryocampa rubicunda*	分布范围： 北美洲。
体形大小： 体长 2 ～ 5 厘米	

↗ 玫瑰红在生物界中是一种非常罕见的颜色，这只小飞蛾在对颜色的追求上一直精益求精！

棘角蝉

↗ 啊！既不认识，也没见过，这是一根会行走的小树刺！

奇特的生理结构

蝉科共包括超 2500 种类似于蝉的昆虫，其中某些种类有着令人惊叹的形状和生理结构！所谓的"驼背蝉"，其实就是指那些胸部长着一个奇特突起的蝉类。它们有时会呈现出令人难以置信的各种颜色、形状和大小。棘角蝉就是驼背蝉的一种，它体长 10 毫米左右，身体呈绿色或者黄色，并长有一些红色和棕色的条纹。它的背部生有一个和身体垂直的刺状突起，当它趴在某棵果树的树枝上吸食它最喜爱的植物汁液时，可能会被误认为是一根尖锐的树刺。而当许多棘角蝉聚集在一起时，人们会以为这是一束咄咄逼人的荆棘！这足以阻止鸟类啄食它们。虽然我们还不是很清楚这种刺状突起的由来和确切用途，但科学家们认为，这些刺状突起能够发射震动信号，在棘角蝉的相互沟通中发挥着重要的作用。

树木杀手

棘角蝉是一种破坏性昆虫，当它们大量聚集在一棵树上时，会导致这棵树木的死亡。因为它们会咬破树皮，大量吸食树木的汁液，然后切开树身，在里面产卵。

动物身份证

拉丁学名：
Umbonia crassicornis

体形大小：
体长约 10 毫米

分布范围：
南美洲、墨西哥、美国佛罗里达州。

↗ 这种昆虫的背部结构，使
它能将自己完美地伪装在
多刺植物的树干上。

宽纹黑脉绡蝶

透明的翅膀

蝴蝶的世界里往往充斥着各种非比寻常的颜色和图案，这些多种多样的颜色和图案使它们很擅长欺骗捕食者，其中少数几个物种有时会以一种最让人意想不到的方式出现，生活在中美洲的宽纹黑脉绡蝶就是如此。宽纹黑脉绡蝶，又称"玻璃蝶"，有着透明的翅膀，翅膀的边缘呈红色和黑色，因为翅膀太过透明，我们只能看到它翅膀上一些细小的脉络。它的翅膀还有着一种非凡的能力，那就是能够只反射极少部分的光线，透明度堪称完美。那些凶猛的捕食者最好小心点，因为宽纹黑脉绡蝶不仅懂得降低存在感，还非常危险。宽纹黑脉绡蝶会在一种叫作"夜香木"（*Cestrum nocturnum*）的有毒植物上产卵，一旦孵化，毛毛虫就会以这些充满毒素的树叶为食，并将生物碱储存在自己的身体组织内，从而使自己带有毒性。这种毒性在蝴蝶的成年阶段也被保留了下来，在繁殖期还会被雄性当成性信息素来使用，是不是别具一格？不过，对于这样一只可怕的蝴蝶来说，它的外观倒是挺有诗意！

↗ 除了透明之外，这些翅膀还具有防反光功能。是人类新技术的灵感之源。

特殊的防反光涂层！

这种透明度令一个科学家小组非常着迷，他们发现宽纹黑脉绡蝶的翅膀上覆盖着一层纳米结构，能吸收光线并减少对光线的反射，这使得捕食者完全看不到宽纹黑脉绡蝶的存在……而这种奇特的结构很可能会促进新型防反光技术的研究和发展！

动物身份证

拉丁学名：
Greta oto

体形大小：
体长约 5 厘米

分布范围：
美洲中部。

▶ 一种既富有诗意同时又让
人害怕的蝴蝶！

帝王枯叶蛾

可怕的毛毛虫

某些毛毛虫通过鲜艳、闪亮的颜色来伪装自己，某些则恰好相反，通过把自己变得不引人注目来进行伪装，而帝王枯叶蛾的幼虫却选择了一种非常吓人的伪装。帝王枯叶蛾的毛毛虫体长 12 厘米左右，以植物的藤蔓和水果为食，身上长着一些红色的小短腿，身体呈棕色并带有白色细条纹。当它处于休息状态时，它的外观还算中规中矩。但只要当它感觉到危险时，它的身体就会向前弯曲，把头贴在身体上，露出一个极其吓人的图案来吓退潜在的攻击者——一双被黄颜色圈住的黑色眼睛，一排让人以为是牙齿的白斑……这简直就是一个令人恐惧的面具，使捕食者望而却步。再加上它所采取的姿势，会让捕食者以为它的身躯更加的厚实、粗壮。你在刚看到它的时候是不是也被吓了一跳？

水果爱好者

帝王枯叶蛾隶属于裳蛾科，生活在非洲和太平洋地区，某些裳蛾科的飞蛾是一些不折不扣的水果害虫，会用它们那粗大的锯状口器吸食水果的果汁！

当感觉到危险时，这只毛毛虫看起来就像是在头上戴了一个死亡面具……↘

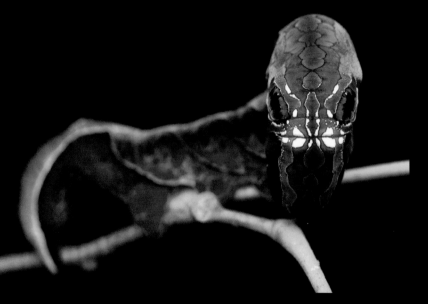

动物身份证

拉丁学名：
Phyllodes imperialis

体形大小：
体长约 12 厘米

分布范围：
澳大利亚、巴布亚新几内亚、所罗门群岛。

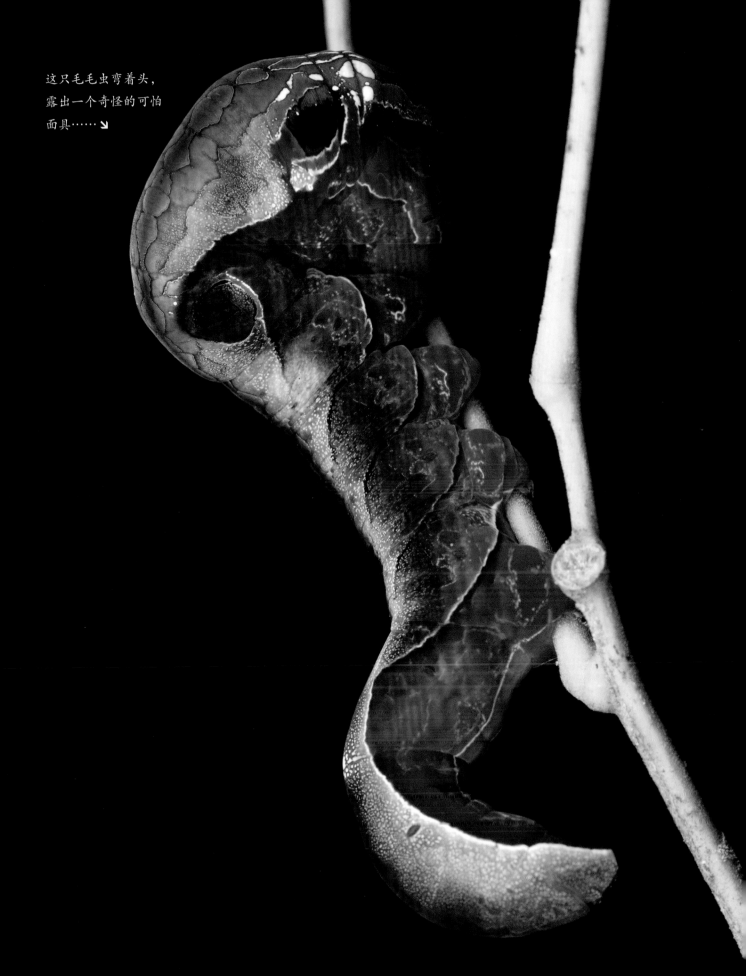

这只毛毛虫弯着头，
露出一个奇怪的可怕
面具……↘

毛刷宝石虫

↗ 这种昆虫的甲壳上长满了一小撮一小撮的毛发，非常新颖独特！

长着毛发的甲壳虫

昆虫世界的多样性绝对能让你大开眼界。仅吉丁虫科一科就包含超过 15500 种甲虫，是鞘 (qiào) 翅目中最大的科之一，同时它还拥有颜色最丰富、质感最细腻、光彩最动人的昆虫种类，毛刷宝石虫就是其中之一。毛刷宝石虫生活在南非，它的外观除了漂亮之外，还相当独特。它的身体呈修长的椭圆形，长约 2.7 厘米，颜色呈深深的蓝绿色，并带有金属光泽。但它和毛刷有什么关系呢？好吧，一般来说，甲壳虫的身体都是非常光滑的，但毛刷宝石虫则不然，它的甲壳上大部分地方都长着一小撮一小撮的细小毛发，这些毛发颜色不一，蜡黄色、橙色、白色都有。毛刷宝石虫的成虫寿命很短，只在白天活动，以各种植物为食，幼虫从卵中出生后会在灌木丛的根部挖洞。

值得收藏的昆虫

因为有着金属一样令人印象深刻的颜色，吉丁虫科的许多甲虫令昆虫爱好者们爱不释手。在世界上的某些地方，这些甲虫的鞘翅（覆盖在透明翅膀上的两个硬质翅膀）被用来制作珠宝或者装饰品。

动物身份证

拉丁学名：*Julodis cirrosa*	分布范围：南非。
体形大小：体长约 3 厘米	

这种甲虫因其质感超群的
颜色而备受昆虫爱好者的
追捧。↘

四瘤角蝉

行走的谜团

角蝉科包括许多奇形怪状的昆虫种类。其中，在拉丁美洲和北美洲发现的四瘤角蝉，无疑是外形最为奇特的昆虫。这个属里的昆虫，无论是雄性还是雌性都长着一个我们称之为"前胸"的构造——一个从胸部延伸出来的垂直装饰结构。四瘤角蝉性喜独居，体长7毫米左右，看起来就像是一个长着腿的迷你直升机。它的身上顶着一根长长的"杆子"，这根"杆子"从胸部延伸出来，在顶部的地方变粗，并朝着身前的方向分裂成四个小球，小球的上面长着许多感官毛发。那么，这些奇怪的小球到底是用来做什么的呢？科学家们已经提出了多种假设，但目前还无法确定其具体作用。这些小球有可能是用来模仿寄生真菌、种子、刺、蚂蚁，甚至是面对猎物摆出攻击姿势的蜘蛛，以震慑捕食者；它们还有可能是一种变异的翅膀，甚至有可能在繁殖期能够发挥某些作用。

科学家们仍在研究这种昆虫头上"瘤子"的功能。↘

"放贷人"

20世纪初，英国昆虫学家乔治·鲍德勒·巴克顿（George Bowdler Buckton）提议将四瘤角蝉的俗名定为"放贷人"，因为它们的球状胸腔结构让人联想到法国美第奇家族盾牌上金底红球的图案。

动物身份证

拉丁学名：*Bocydium globulare*	
体形大小：体长约7毫米	**分布范围：**中美洲及南美洲。

↗ 简直就是一个从
科幻电影中走出
来的小生物!

提灯蜡蝉

↗ 这只蝉的伪装简直完美！

长着一颗花生脑袋

提灯蜡蝉是昆虫大科蜡蝉科的成员，生活在美洲的中部和南部。它体长约 9 厘米，翼展 15 厘米左右。当它趴在树干上的时候很难被人发现，因为它的伪装几近完美。但是，当我们长时间地仔细观察它时，它的外观就会给我们留下非常深的印象，因为它的身上实在是有着太多奇特之处了。首先，其头部的隆起令人印象深刻，这个隆起尺寸超过 1 厘米，形状类似花生，甚至连纹路都跟花生很像，从侧面看又很容易让人联想到鳄鱼或蜥蜴的眼睛。为了震慑捕食者，提灯蜡蝉还会张开它那对庞大的翅膀，翅膀上生有两只显眼的黄色眼睛的图案。它还有个绝技，能释放出一种恶臭的气体，这种气体是基于它所食用的树脂和树木汁液分泌而来。在繁殖季节，提灯蜡蝉通过用头敲打树干产生特定的震动来吸引异性！

一种能照明的动物

这种昆虫之所以被称为"提灯蜡蝉"，是因为人们之前认为它能够用头上的隆起物发光！

动物身份证

拉丁学名： *Fulgora laternaria*	
	分布范围： 中美洲及南美洲。
体形大小： 体长约 9 厘米	

↙不，那不是一双眼睛，只是两个花纹。

大自然的建筑师

长颈象鼻虫是马达加斯加特有的一种小型甲虫，有着非比寻常的外观。雄性都有着一个长长的脖子，看起来就像是一只长颈鹿。然而，其实这不是它的脖子，而是我们所说的"昆虫的前胸"，只不过在它身上是又细又长的而已。这种奇特的生理构造在交配季节非常实用——如果两只雄性相遇，它们就会用自己的"脖子"进行争斗来赢得雌性的芳心，其争斗场面令人印象深刻，两者中更为强壮的一方将与雌性交配。长颈象鼻虫的雌性，可称得上是名副其实的自然建筑师——它可以细致地将树叶卷起来，为它那每次只生一颗的珍贵的卵建造一个巢穴。一旦产卵完成，它就会小心翼翼地用一片叶子永久地封住巢穴，然后剪断树叶的茎。这样，巢穴就会掉落在地上，而它的幼虫就可以在这个由树叶构成的"茧"中悄悄地生长发育。

各司其职

小心入侵者！当雌性长颈象鼻虫筑巢时，雄性会站在一旁放哨，赶走离它们太近的所有倒霉蛋，来保护这个未来的巢穴！

长颈象鼻虫有着一个奇特的生理构造——一个长长的能够弯曲的"脖子"！ ↘

动物身份证

拉丁学名：	分布范围：
Trachelophorus giraffa	马达加斯加。
体形大小：	
12 ~ 55 毫米	

在雌性筑巢的时候，雄性负责全神贯注地放哨……↙

变，但雌性却不会化蛹，而是保持幼虫的形态性成熟。这种昆虫生活在印度和东南亚的热带雨林之中，且喜欢躲在树叶堆或朽木之中，但迄今为止，人们对这种奇特甲虫的观察和研究仍然非常少。真是迫不及待地想要了解更多有关它们的信息啊！

200 枚卵

尽管我们对三叶虫红萤的繁殖行为了解不多，但科学家们发现，雄性三叶虫红萤会在交配后的几个小时内死亡，而雌性会在产下大约 200 枚卵后不久也死亡。

动物身份证

拉丁学名：
Platerodrilus
体形大小：
约 9 毫米（雄性）
40 ~ 80 毫米（雌性）

分布范围：
印度及东南亚。

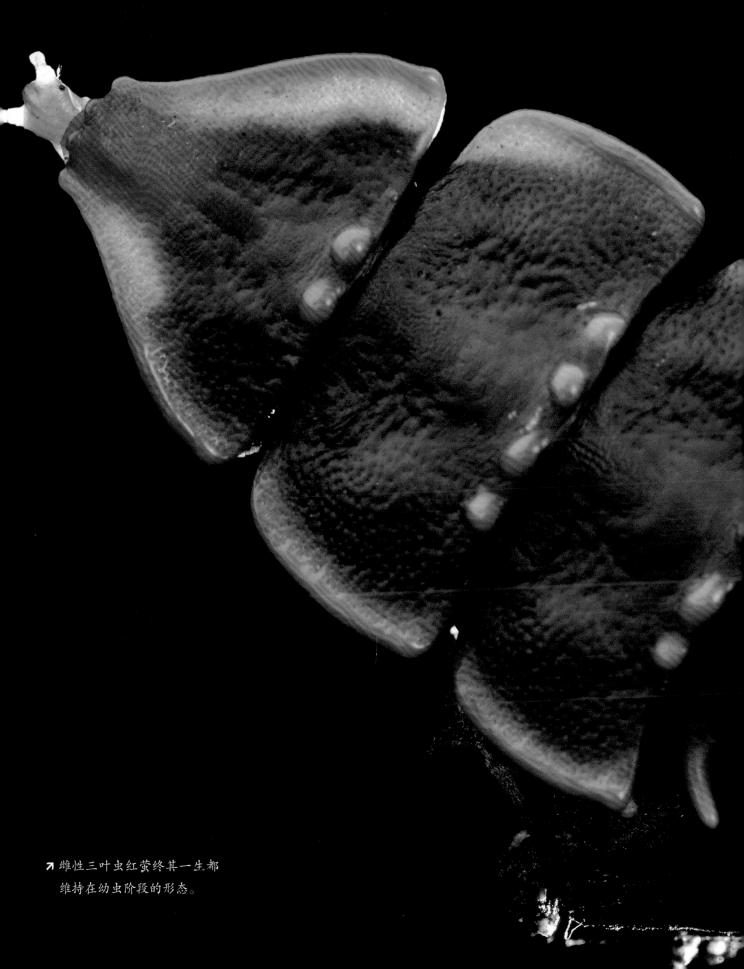

↗ 雌性三叶虫红萤终其一生都
　维持在幼虫阶段的形态。

的外壳上生有三层微槽结构，有着独一无二的光学特性，它们的颜色就是由这些微槽结构所产生的错视效果造成的。黄金龟甲虫体内有一层色素层，由能够反光的红色色素液体组成，黄金龟甲虫根据特定的环境或情况，控制红色液体在其外壳微槽中的湿度及分布，从而产生不同的颜色。这种能力在自然界中虽然不是独一无二的，但也非常罕见！科学家们认为，黄金龟甲虫变色是为了警告捕食者，或是为了在繁殖季节吸引配偶……

一块奇怪的盾牌！

　　黄金龟甲虫的幼虫可以制造所谓的"粪便盾牌"，这块"粪便盾牌"由粪便和遗蜕碎屑组成，黏在它们的身体后部。它们可以把这块盾牌像遮阳伞一样戴在身上，以保护自己不受捕食者的伤害！

动物身份证

拉丁学名：
Charidotella sexpunctata

体形大小：
体长 5 ~ 8 毫米

分布范围：
美洲北部、中部及南部。

↖黄金龟甲虫通过控制色素
层的湿度来反射光线。

吸引。宝塔毛虫是蓑 (suō) 蛾的幼虫。蓑蛾是一种夜行性飞蛾，整个蓑蛾科共包括 1000 多个品种。尽管某些毛毛虫有着非常独特的颜色或毛发，但宝塔毛虫却可称得上是独具一格。蓑蛾科飞蛾的幼虫会用树叶、木材或泥土等材料为自己建造一个保护套，以伪装自己，躲避捕食者，并在这个保护套内完成幼虫阶段的生长发育过程。每种蓑蛾都有着自己独特的保护套，而生活在厄瓜多尔境内亚马孙雨林中的蓑蛾幼虫，则给自己建了一个宝塔一般的保护套，其宝塔毛虫的名字就是来源于此。它会一直带着这个奇特的保护套去觅食，然后在保护套内化蛹，直到变成一只飞蛾成虫。这真是一座货真价实的生命之塔！

这是一种完美的、非比寻常的伪装！ ↘

奇特的生命

与众不同的是，宝塔毛虫的雌性会比雄性更早化蛾，且雌性飞蛾没有翅膀！它所有的一切都在自己的保护套内进行。雌性在化蛾之后会被飞到保护套顶端的雄性飞蛾授精，然后在保护套内产卵，并用唾液将保护套密封起来，最后死去。这样的命运，不免令人有些感伤。

动物身份证

拉丁学名：
Pagodiella hekmeyeri

体形大小：
几毫米

分布范围：
厄瓜多尔。

这种毛毛虫的保护套筒直令人难以置信，看起来就像是一座小宝塔！↙

宝石毛毛虫

被包裹的毛毛虫

当你第一眼看到它的时候，你立刻就会明白它为什么会被称作"宝石毛毛虫"，因为它看起来就像是一只用水晶雕刻而成的珍贵艺术品。宝石毛毛虫，又称"蟹黄水晶毛虫"，长约 1 厘米，是一种名叫"褐绒亮蛾"（*Acraga coa*）的夜行性飞蛾的幼虫，属于亮蛾科，生活在美洲中部及南部。亮蛾科飞蛾的所有幼虫都有着彩色的半透明外观，看起来就像是海蛞蝓和软体动物的混合体。尽管我们对宝石毛毛虫这种小动物的研究仍然非常有限，但科学家们认为它们身上的"凝胶"有可能是用来帮助它们逃离捕食者的。科学家们还注意到，当覆盖在它们身体表面的透明小尖刺受到刺激时，这些小尖刺就会像蜥蜴的尾巴一样自动脱落。这一招用来躲避想要啄食它们的鸟类可谓非常实用。但所有的

↗ 宝石毛毛虫的身上覆盖着一种有色的"凝胶"，其功能仍然是个谜团。

这些观点，仍然只是科学家们提出来的假设。此外，宝石毛毛虫的身体还极具黏性，这很可能起到防止蚂蚁叮咬的作用——因为蚂蚁一旦贴近，就会被黏住。宝石毛毛虫对我们来说仍然相当神秘，它们的美丽，也值得我们仔细观察与欣赏。

毛毛虫将会变得更漂亮！

宝石毛毛虫是否让你感到惊艳？是不是迫不及待地想要看看它变成飞蛾后是什么样子？宝石毛毛虫的飞蛾形态呈鲜艳的橘黄色，脚上覆盖着许多丝绸一般的绒毛，看起来就像是一只毛茸茸的玩具飞蛾！

动物身份证

拉丁学名：
Acraga coa

体形大小：
体长约 1 厘米

分布范围：
美洲中部及南部。

↖ 宝石毛毛虫看起来就像是
用水晶雕刻而成。

可怕的"胶水"

看，这只虫子是多么的可爱！然而，这只看起来非常温柔的天鹅绒虫（龙猫栉蚕是天鹅绒虫的一种），实际上是一种非常可怕的捕食者。龙猫栉蚕是无脊椎动物，身体长而柔软还长着许多锥形的小爪，属于有爪动物门（俗称"天鹅绒虫"）。有爪动物门的动物，全世界有200多种，共分为两个科——往来有爪科和爬行有爪科，生活在热带雨林的落叶和土壤之中。龙猫栉蚕2010年在越南被发现，体长约6厘米，身体表面覆盖着茸茸的毛。它是一名凶猛的猎手，为了捕捉到行动速度比它更快的猎物，它位于触角内的两个腺体会产生并投射出一种类似于胶水的黏液，投射距离可达30厘米之远。猎物几乎没有逃脱的可能，因为这种黏液的凝固速度很快。

↗这只虫子的身上长满了毛！

猫巴士

这种虫子和著名的日本动画电影《龙猫》里的猫巴士长得很像，因此其学名被命名为"龙猫栉蚕"。

动物身份证

拉丁学名： *Eoperipatus totoro*	
体形大小： 体长约6厘米	分布范围： 越南。

这种毛茸茸的虫子能向猎物喷射一种十分可怕的"胶水"！↙

象——吸血鬼蚂蚁可以在 0.000015 秒内紧闭它的双颚，简直难以想象，是不是？为了更好地理解，我们把它的咬合速度换算一下，相当于 90 米 / 秒，或是 324 公里 / 小时。为了能够达到这样的速度，吸血鬼蚂蚁通过移动两片颚骨的末端，使其互相挤压，然后突然释放，就像我们打响指一样。吸血鬼蚂蚁通过这种方式产生一种非常强大的冲击力，使得它的猎物有可能当场就被杀死，抑或是被这种出奇猛力给击晕。这种令人难以置信的特性，使吸血鬼蚂蚁成为动物界中咬合速度最快的动物！

↗ 吸血鬼蚂蚁有着动物界中最快的咬合速度。这种蚂蚁喜欢吸食自己幼虫的血液。

吃幼崽的父母？

成年的吸血鬼蚂蚁不能吃固体食物，它们既以其他昆虫幼虫的血液为食，同时也会毫不犹豫地吸食自己幼虫的血液。这种行为不会杀死它们的后代……不过，会在其后代的身上留下许多小孔。

动物身份证

拉丁学名：
Mystrium camillae

体形大小：
几毫米

分布范围：
亚洲，非洲及大洋洲。

不要以貌取人

在猫王鳞虫漂亮、闪耀的外表下，隐藏的是一只非常厉害的捕食者。猫王鳞虫长着非常有力的颌 (hé)，且能够借助咽喉的力量将颌投射而出。在加利福尼亚海湾 3700 米深处所拍摄到的两只猫王鳞虫争斗的视频，揭示了这个物种的好斗性。

有什么用呢？科学家目前还没有找到这个问题的答案，但这很可能是一种防御机制，能够致盲那些长有眼睛并进行生物发光的捕食者。但这些捕食者与猫王鳞虫所生活的海洋深度并不一样，所以这也只是一种假说。尽管这种斑斓的颜色对猫王鳞虫可能并没有什么实际作用，但它身上的鳞片却是一副真正的铠甲，一副很漂亮的铠甲！

动物身份证

拉丁学名：
Peinaleopolynoe elvisi

体形大小：
体长 10 ~ 20 厘米

分布范围：
太平洋。

巨型沙螽(zhōng)

超级蟋蟀

你知道吗？在新西兰，你可以碰见重达七八十克的蟋蟀。这张图片中的昆虫，叫作"小巴里尔巨型沙螽"（*Deinacrida heteracantha*），是 18 种巨型沙螽（你可以将其理解为一群又粗又壮的超级蟋蟀）中的一种。小巴里尔巨型沙螽只生活在新西兰的小巴里尔岛（**Little Barrier Island**）上，被认为是世界上最大的昆虫之一。它一般体长约 7 厘米，生活在森林地带，是一种树栖昆虫。小巴里尔巨型沙螽和蝗虫、蚱蜢一样，是直翅目的成员之一。小巴里尔巨型沙螽这个物种无法飞行，且因为身体过重而无法进行凌空跳跃，但它可以做出强有力的后踢。尽管它长得又粗又壮，且体重不亚于某些啮 (niè) 齿动物，但它却似乎不是波利尼西亚鼠的对手——波利尼西亚鼠非常喜欢捕食巨型蟋蟀，也正因为如此，小巴里尔巨型沙螽的数量正在急剧下降。目前，人们已经针对这种情况对它们开始进行饲养保护计划，希望能够逐步恢复该物种的数量。

让我们一起为它们祈福吧！

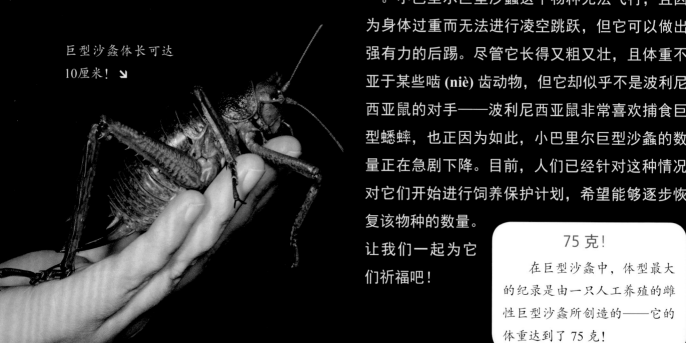

巨型沙螽体长可达 10 厘米！↘

75 克！

在巨型沙螽中，体型最大的纪录是由一只人工养殖的雌性巨型沙螽所创造的——它的体重达到了 75 克！

动物身份证

拉丁学名：
Deinacrida heteracantha

分布范围：
新西兰。

体形大小：
体长 7 ~ 10 厘米

人们经常看到各种各样的蝴蝶标本，它们被固定在玻璃框中一动不动。如果说这些标本能够让我们对蝴蝶进行研究或者仅仅只是用来欣赏它们的美丽，那么看着它们活生生地飞来飞去将会是一种完全不同的体验。绿带燕凤蝶是鳞翅目动物之一，飞行起来美仑美奂。这种小蝴蝶生活在亚洲，体长 4～5 厘米，长着两只半透明的翅膀，翅膀上生有黑色条纹和一条清晰可见的浅绿色条纹。其翅膀的特点是有着长长的延伸，就像是拖着一根末端为白色的细长尾巴一样，最长可达 4 厘米。当太阳在雨林中升起时，这种小蝴蝶会外出觅食，有时会和其他蝴蝶一起在水潭边喝水。当它扇动翅膀时，翅膀上的小尾巴开始起伏摆动，就像是一条在风中飘扬的精致丝巾。这种起伏摆动给人的感觉就好像它是在水底，随着缓慢的水流漂浮摇摆一般。如果你有幸碰到这种神奇的小蝴蝶，抑或是看到它慢动作飞行的视频，绝对会被它的美丽所吸引。

绿蜻蜓

在英语中，绿带燕凤蝶又被称作"绿蜻蜓"，因为它那长长的翅膀能像舵一样活动，使它像蜻蜓一样，能从前往后飞行。

↗ 当这只蝴蝶扇动翅膀时，就好像是漂浮在水面上一样。

动物身份证

拉丁学名：
Lamproptera meges

体形大小：
体长 4～5 厘米

分布范围：
中国、南亚、菲律宾及南亚国家。

究，对受害者一年内达到的数量感到震惊——每年有两三千只雏鸟被岛上的蜈蚣群杀死。对于一只蜈蚣来说，其食物中脊椎动物的比例实在是过高了。

▶ 在它橙色的甲片下，隐藏着一种毒效强劲的毒液。

脊椎动物竟成了无脊椎动物的食物！

菲利普岛蜈蚣的食物中48%为脊椎动物——对蜈蚣来说这是一个破纪录的比例，52%为无脊椎动物。其中，黑翅圆尾鹱的雏鸟占其捕食的脊椎动物的7.9%，排在被它捕食的小型有鳞目爬行动物（如蜥蜴、壁虎等）之后。

动物身份证

拉丁学名：
Cormocephalus coynei

体形大小：
体长 15 ~ 30 厘米

分布范围：
菲利普岛、太平洋西南部。

这是一种会毫不犹豫攻击某些海鸟雏鸟的蜈蚣。

↗ 这种颜色漂亮的千足虫，
小小的身体带有剧毒。

这个洞穴里有很多稀有动物：鸟类、蜗牛、松鼠……，以及龙。请放心，这里所说的龙并不是神话传说中的龙，而是一种奇特的千足虫。2008年，一个科学家小组在这里发现了粉龙千足虫，一种鲜艳粉红色的带刺千足虫。它的形态很容易让人联想到亚洲的龙，头上生有两根细长的黑色触角，长长的身体上布满了小尖刺。粉龙千足虫体长约 3 厘米，生活在洞底的碎石沙土中。它那鲜艳的粉红色可以变化成紫色，这无疑是对那些想以它为食的捕食者的一种警告。捕食者最好与它保持距离，因为粉龙千足虫的防御腺体能产生剧毒的氰化氢。这种动物因太过独特，在 2008 年被国际物种探索研究协会列入当年发现的十大新物种名单，并排名第三。

动物身份证

拉丁学名：
Desmoxytes Purpurosea

体形大小：
体长约 3 厘米

分布范围：
泰国。

竖琴海绵

吃肉的海绵

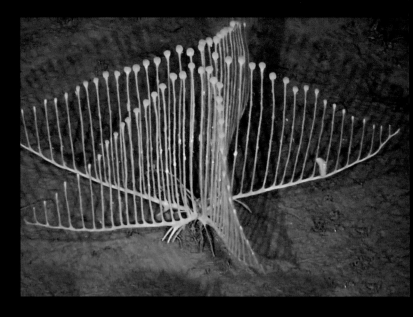

这种海绵的奇特结构使它看起来就像是一把竖琴。

海绵的世界是十分奇妙的，许多海绵动物有着令人难以置信的形状和颜色，其中某些物种简直令人叹为观止。右图中的动物是竖琴海绵，它的名字来自古希腊主神赫尔墨斯的象征——竖琴，竖琴是一种在古代非常流行的拨弦乐器。这种动物在加利福尼亚海岸 3000 多米的大海深处被发现，体长可达 40 厘米左右。竖琴海绵有 2～6 个横向主支，也就是我们所说的"叶片"，外形呈梳子状。从这些横向主支上延伸出来的竖向分支上布满了细丝和倒钩，使它能够以最佳的方式诱捕猎物。我们的小海绵可不是吃素的，它能够"梳理"洋流，把经过的小型生物和甲壳类动物粘在细丝上，就像是一条强力的维可牢尼龙搭扣[①]。然后，竖琴海绵会将猎物包裹在一层薄薄的膜中，并开始缓慢地消化。竖琴海绵是雌雄同体的动物，其分支末端上的小球就是用来繁殖的，内含精子包，一旦释放就会使另一只竖琴海绵的卵子受精。怎么样，海绵的生活是不是也挺有趣？

大凡规则，必有例外

竖琴海绵食肉毕竟是一个例外，因为普通的海绵通常都是一些简单的滤食者，通过自身身体过滤周边的水，并以水中的小型生物如浮游生物或者细菌为食。

动物身份证

拉丁学名： *Chondrocladia lyra*	
体形大小： 约 40 厘米	**分布范围：** 加利福尼亚海岸。

---

① 维可牢尼龙搭扣由瑞士发明家乔治 1948 年发明。维可牢（Velcro）实际上是两条尼龙带，其中一条涂有涂层，上有类似芒刺的小钩，另外一条的上面则是数千个小环，钩与环能够牢牢地粘在一起。

地中海海盘

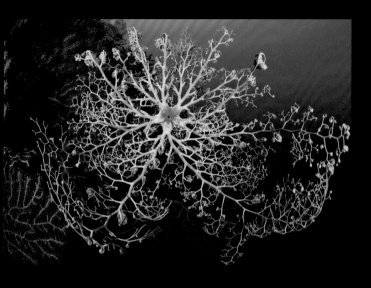

↗地中海海盘的直径
最长可达1米！

长在海洋里的"头发"

地中海海盘是棘皮动物门蛇尾纲动物，是海星的表亲，生活在海面下 50 ～ 800 米的深处。其巨大的体型令人印象深刻，直径甚至可达 1 米！地中海海盘看起来就像是一丛长在海里的灌木丛，外观充满了诗意。地中海海盘的枝条呈灰白色，有时也呈玫瑰红色。它有着一个很小的中心圆盘，尺寸 5 厘米左右，10 根灵活且夸张的枝条以中心圆盘为中心向四周辐射而出，就像是一些交织在一起的长手臂。地中海海盘主要以浮游动物为食，用它的细枝末端捕捉猎物。尽管它没有眼睛，但如果光线变得太强烈，它会将自己蜷缩缠绕起来，变成一个直径 20 厘米左右的圆球。地中海海盘主要生活在地中海区域，喜欢依附在海绵、柳珊瑚等自然结构上，有时在海底的一些沙质海床上也能够发现它的身影。它的外观很容易让人联想到希腊神话中的一个标志性人物——美杜莎。

是头发，还是蛇？

地中海海盘的外表酷似卷曲的蛇形头发，因此它又被称为"美杜莎海盘"，或是"美杜莎之颅"，即蛇发女妖的头。在希腊的神话传说中，戈尔贡三姐妹之一的美杜莎拥有着一头非常美丽的头发，就连海神波塞冬都被她给迷住了。而女神雅典娜出于嫉妒，将美杜莎的一头秀发变成了许多小蛇。

动物身份证

拉丁学名：
Astrospartus mediterraneus

体形大小：
直径约 1 米

分布范围：
地中海西部海域、亚得里亚海岸、卢西塔尼亚海岸、毛里塔利亚海岸以及塞内加尔海岸。

这种奇特的生物看起来就像是从科幻电影或神话传说中走出来的一样！↙

多头绒泡菌
一个聪明的巨型细胞

既不是动物，也不是植物……那么这团柔软的、黏糊糊的黄色东西到底是什么？是一种霉菌吗？也不是的。它叫"多头绒泡菌"，是一种叫作"合胞体"的巨型单细胞所组成的生物，隶属于变形虫门下属的黏菌纲。黏菌纲下辖1000多个物种。多头绒泡菌的一生可以分成两个阶段：营养期和繁殖期。营养期是多头绒泡菌快速生长的活跃期，此时它进食多，生长迅速，在饥饿的时候甚至可以每小时生长1～4厘米。

➚ 即使多头绒泡菌没有大脑，但不可否认它是一种非常聪明的生物！

在自然界中，多头绒泡菌主要以细菌或真菌为食。虽然它只是由一个单细胞构成，而且没有大脑和神经系统，但科学家们却发现它有着惊人的学习能力。它能够找到通过迷宫的最短路径，构建高效的交通网络，与同类进行互动，避开陷阱，甚至还能够学会去忽略那些它所厌恶的物质。对这样的生物来说，这是一种非比寻常的智慧。在多头绒泡菌所生活的自然环境中，它善于回收再利用，对自然界的循环系统非常重要，因为它吃的是细菌，吐出来的却是植物所需的微量营养素。这一切表明，即使是单细胞生物也会有让人十分惊讶的价值！

太空中的多头绒泡菌！

2021年，法国宇航员托马斯·佩斯凯（Thomas Pesquet）在执行阿尔法任务期间，将一个装有4个多头绒泡菌的"多头绒泡菌盒子"带入了国际空间站以进行各种实验。

动物身份证

拉丁学名：
Physarum polycephalum

体形大小：
数个平方米

分布范围：
所有大陆。

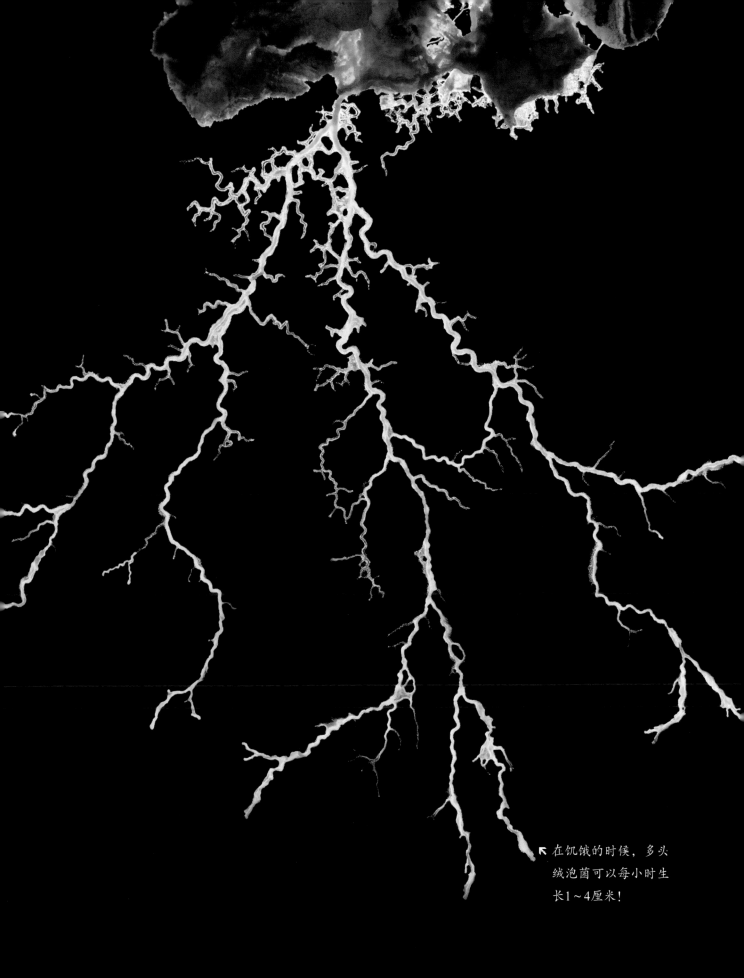

在饥饿的时候，多头绒泡菌可以每小时生长1~4厘米！

透明的脑袋

自 1939 年一位渔民用渔网捕获了一条管眼鱼以来，这种长约 15 厘米的怪鱼一直让人们着迷。然而，这条被渔民捕获的管眼鱼损毁严重，人们当时无法真正地了解其独特的生理结构。直到 2004 年，它才第一次在自然界中被拍到活体照片。照片上，它有着半透明的头部和科幻故事中宇宙飞船般的体型。管眼鱼是一种生活在海面下 600～800 米深处的鱼类，在脑袋前部长着一双奇特的眼睛。它的头颅就像是一个透明的圆顶，里面充满了一种类似凝胶的物质。管眼鱼的眼睛实际上是朝上的，其视线能够透过头颅看向上方。管状的眼睛结构，使它能够获取最佳的光线来猎取身体上方的食物。附着在眼睛上的数块肌肉使管眼鱼能够操控眼睛所看的方向，但它的视野仍然相当狭窄有限。当它发现猎物时，它的整个身体会垂直向上游去，然后用它的小尖嘴去捕捉食物。管眼鱼眼睛是绿色的，这可以起到过滤太阳光的作用，从而更好地探测到深海中使用生物发光的猎物。

这条鱼的眼睛长在脑袋里面，而且它的脑袋是透明的！ ↘

动物身份证

拉丁学名：
Macropinna microstoma

体形大小：
体长约 15 厘米

分布范围：
数据不足，目前只发现于加利福利亚海岸附近。

约氏黑角鮟鱇(ān kāng)

奇特的繁殖方式

约氏黑角鮟鱇是黑角鮟鱇属下的一种奇特的鱼类，生活在各大洋海面下超过 2000 米的深处。好吧，它的确是长着一副相当不讨喜的面孔：一张宽大的嘴巴，细小而锋利的牙齿，头上还挂着一个奇怪的"灯笼"。这个"灯笼"实际上是一个小型的发光器官，是用来吸引猎物的诱饵。不过，这种鱼类最恐怖的还是它们的繁殖方式——要知道约氏黑角鮟鱇的雄性体长只有 3 厘米左右，而雌性

▲ 约氏黑角鮟鱇的雌性随身携带着雄性以进行繁殖。

的体长却差不多能有 20 厘米。 当它们遇到自己的心上人时，雄性会咬住雌性的肚皮把自己挂在对方身上，并且永不松口。接下来所发生的事情将会非常有趣！雄性的身体组织和血液系统将会和雌性相融合，逐渐失去眼睛、鳍、牙齿及大部分的内部器官，最终变成一对附着在雌性身上的睾丸。雌性从此就能够随时使用它们，就像使用精子库一般，为自己的卵子受精。

把雄性带在身上

事实上，数条雄性约氏黑角鮟鱇能够同时附着在一条雌性身上。因为这种现象前所未见，当科学家们第一次观察到这种现象时，他们的第一反应是，认为这些附着在雌性身上的雄性是一种寄生虫。

动物身份证

拉丁学名：
Melanocetus johnsonii

体形大小：
雄性体长约 3 厘米，雌性体长约 20 厘米

分布范围：
热带及温带海洋。

一种洄游寄生鱼类

海七鳃鳗隶属于无颌总纲鳗鲡 (lí) 目，其身上没有鳞片，生活在大西洋北部、地中海及世界其他地区的一些淡水区域中。海七鳃鳗没有颌，体长可达 90 厘米。它的嘴巴呈椭圆形，尺寸比身体更加宽大，可以起到吸盘的作用。嘴巴里面长着许多细齿，呈圈状排列。得益于这些细齿，海七鳃鳗能将自己的身体吸附在猎物身上。在成年阶段，海七鳃鳗是一种体外寄生生物，吸附在其他鱼类的身上，吸食它们的血液。海七鳃鳗的唾液中含有一种抗凝血剂，能使被它寄生的鱼的血液循环变得更加顺畅……好吓人！当它的嘴巴吸附在猎物上时，它会通过身上的七对圆形的鳃孔进行呼吸，但只有当它生活在海水中时才会采取这种寄生方式，而在海水中生活只是它生命的一部分。因为海七鳃鳗是一种洄游鱼类，它和鲑鱼一样，在淡水中出生，成年后在海水里生活，最后再回到江河中进行繁殖。海七鳃鳗幼鱼孵化而出后，在一些小沙洞中隐匿生活长达 7 年，然后前往大海之中成为寄生鱼，并开始新的繁衍生息。

五大湖区的祸患

在美国和加拿大，海七鳃鳗被认为是一种有害鱼类。在北美五大湖区，它造成了具有重要商业价值的鱼类大量死亡。

海七鳃鳗体长可达 90 厘米！ ↘

动物身份证

拉丁学名：	分布范围：
Petromyzon marinus	大西洋北部海域，地中海，波罗的海，欧洲、加拿大及美国的淡水区域。
体形大小：	
体长约 90 厘米	

一圈圈的牙齿使它能够稳稳地
吸附在猎物身上。↙

巴氏豆丁海马

伪装高手

巴氏豆丁海马体长约 **2.4** 厘米，是已知最小的脊椎动物之一。它生活在澳大利亚海岸的珊瑚礁中，是一名伪装高手。它们只生活在两种柳珊瑚（一种浅水区的树状珊瑚）上：一种是红色柳珊瑚（*Muricella plectana*），另一种是橙色柳珊瑚（*Muricella paraplectana*）。可以说，巴氏豆丁海马对柳珊瑚的模仿已经达到了一种完美无瑕的境界。它那灰白色或粉红色的身体上点缀着红色、橙色、黄色及粉红色的球状结节，具体的颜色组合取决于它所寄居的珊瑚颜色。巴氏豆丁海马用尾巴将自己牢牢地附着在珊瑚上，并保持着一个竖立的姿势。从颜色、身体质感及姿势上看，它似乎就是珊瑚的一部分。这种技能对引诱猎物非常有用。巴氏豆丁海马是肉食性动物，以各种小型甲壳动物和鱼卵为食。在繁殖季节，雄性和雌性会在水下旋转，直至尾部互相缠绕在一起。然后，雄性会将雌性所产的卵小心地放置在柳珊瑚枝上的孵化巢中，并负责孵化。

一匹弯曲的马？

海马（*hippocampe*）这个法语词源自古希腊语中的 *hippkampos*，由 *híppos*（马）和 *kámpos*（海怪）两个词组成。

它是世界上最小的海马！↓

动物身份证

拉丁学名：
Hippocampus bargibanti

体形大小：
体长约 2.4 厘米

分布范围：
印度洋 – 太平洋海域。

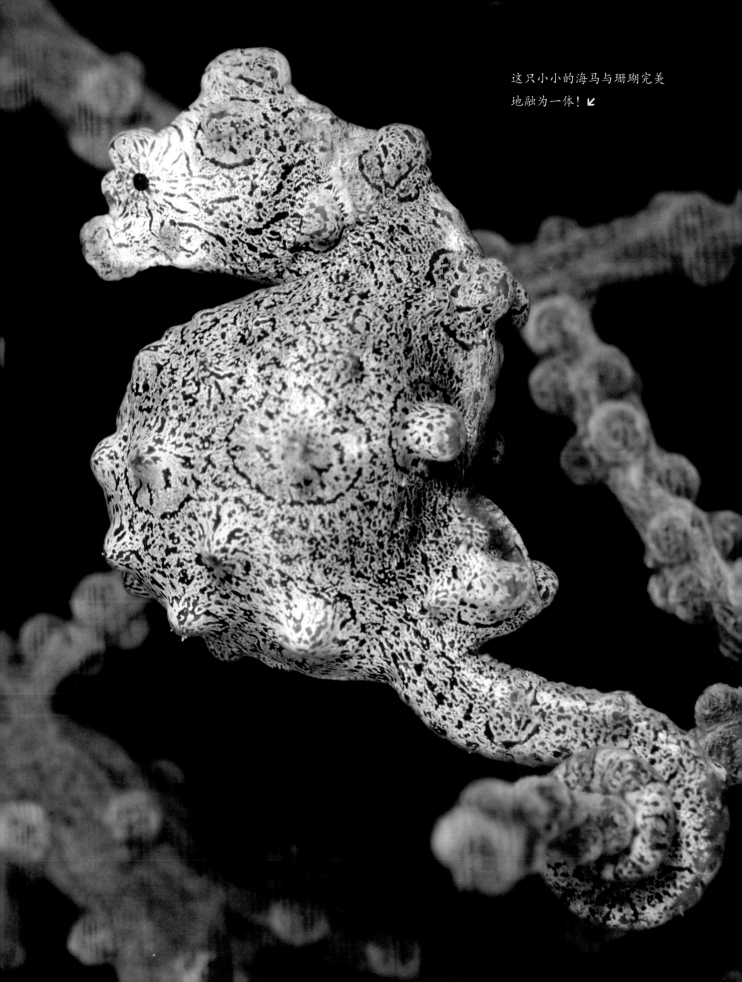

这只小小的海马与珊瑚完美地融为一体！↙

尖齿泽鳝

↗ 注意！不要过多地去打扰尖齿泽鳝……

玻璃一样透明的牙齿

尖齿泽鳝隶属于鳗鲡目，鳗鲡目包括大约 200 个不同的物种，其中某些物种体长可达 4 米！尖齿泽鳝是一种身体呈亮黄色的海鳝，体长可达 1 米，悠闲地生活在大西洋和地中海的温暖水域中。它们喜欢待在一些海底的缝隙中，将自己隐藏起来，等待猎物经过，然后用那闪闪发光的牙齿一口咬住猎物。让人诧异的是，尖齿泽鳝的牙齿像玻璃一样透明！看，左边图中的尖齿泽鳝正露出它那迷人的微笑，嘴里长着一排排 2 厘米长的半透明牙齿，肯定没有人愿意把自己的手指放进那里！它们长着第二个颌，就藏在它们的咽部。第一个颌很窄，无法充分地张开嘴巴和咽喉来挤压、吸食和吞下猎物，而位于咽部的第二个颌主要用来将食物撕碎，而它嘴里的透明牙齿只是用来捕捉猎物。这种生理结构让我们联想到电影《异形》里那只长着双颌的怪物，是不是很吓人？但实际上，尖齿泽鳝是一种胆子很小、攻击性并不是很强的动物。

它们并不坏，只是不善于表达

尖齿泽鳝的名声很不好。锋利的牙齿、严肃的表情和各种记录在案的咬人事件，使它们很难在我们的心中留下一个美好的印象。然而，它们实际上是一种胆子很小、攻击性不强的动物。在碰到人类的时候，它们多是逃跑而不是发动攻击。潜水员有时会在它们的洞穴外逗弄它们，或者喜欢用手去喂它们吃东西，这可能会导致一些意外——尤其是它们的视力很差，有时候根本分辨不出食物和手指的区别！

动物身份证

拉丁学名：
Enchelycore anatina

体形大小：
体长约 1 米

分布范围：
大西洋、地中海。

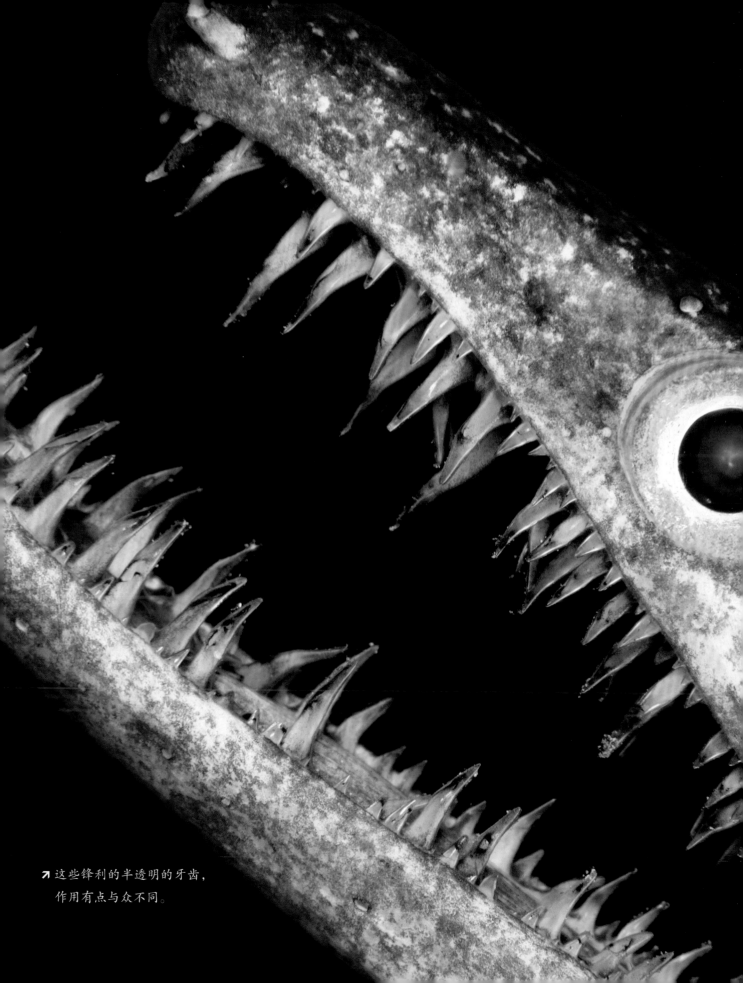

↗ 这些锋利的半透明的牙齿，
　作用有点与众不同。

大嘴之战

当你第一眼看到这种长约 20 厘米的鱼类时，你可能会觉得它们是无害的，可千万别被它们的外表给欺骗了……其实这是一种攻击性和领土意识极强的动物，喜欢独自躲在洞穴、岩石缝隙甚至是掉落到海底的空瓶子里。任何试图接近它领地的生物都得万分小心，因为勃氏新热鳚会毫不犹豫地攻击任何进入它领地的生物，包括潜水员！勃氏新热鳚擅长一种非常奇特的攻击方式——它的嘴巴开口很大，对于所有它想要震慑和警告的生物，它都会露出一个具有威胁性的大笑，再配合着嘴里那些又细又尖的牙齿，即使是十分胆大的动物都有可能会被它吓跑。有时候，雄性勃氏新热鳚为了争夺领地或伴侣也会大打出手，大嘴之战就此爆发，看看究竟谁的嘴巴能够张得更大。不过，这个物种也有温柔的一面，在雌性勃氏新热鳚产卵后，雄性会将鱼卵放在自己的嘴里，担负起保卫鱼卵安全的责任，是真正的超级奶爸！在任何情况下，请记得，如果你碰到它们，不要进入它们的领地，因为你可能会被它们的大嘴巴吓到，而且也一定不要惊诧得张大你自己的嘴巴！

为了进行攻击，勃氏新热鳚会张大它们的嘴巴，张得非常非常大。◣

一条爱嘲讽的鱼……

在英语中，勃氏新热鳚又被称作"嘲讽大头鱼"（*sarcastic fringehead fish*），其中"sarcastic"来自于古希腊语的"sarkasmos"及"sarkazô"，前者的意思是"嘲讽、嘲弄"，后者意为"扒开血肉，露出牙齿来嘲讽"。这样，我们就能够更好地理解这条长有巨嘴的鱼的名字啦！

动物身份证

拉丁学名：
Neoclinus blanchardi

体形大小：
体长约 20 厘米

分布范围：
北美洲太平洋沿岸、加州北部和墨西哥之间的海岸。

尖吻银鲛(jiāo)

深海幽灵

尖 吻银鲛隶属于软骨鱼纲下属的长吻银鲛科,生活在海面下 200～2600 米的深海之中,那里几乎很少有生命存在。尖吻银鲛非常罕见,体长 1 米左右,又被称为"软鼻银鲛"。它经常被比作犀牛和鱼的混合体,因为它长着一个长而柔软的鼻子,看起来就像是一个犀牛角,再加上它那灰白的身体、黑色的大眼睛及背上的刺,使它看起来又像是深海中的幽灵。它外形奇特,介于鲨鱼与鳐鱼之间。目前人们对它知之甚少,因为它实在是太难被观测到了,但有几条尖吻银鲛意外地被深海渔网捕获,这才让科学家们有机会接触到这种鱼。直到最近,新西兰研究人员才对其生殖系统进行了科学描述。深海研究对于科学家们来说,仍然难以完成。

鲨鱼的后裔?

尖吻银鲛隶属于银鲛目,银鲛目是鲨鱼的近亲,都是一些深海软骨鱼类,它们被认为是在 4 亿年前从鲨鱼中分化出来的。

尖吻银鲛生活在海面下2600米的深海之中…… ↙

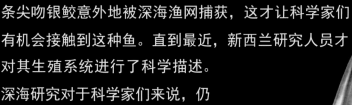

动物身份证

拉丁学名: *Harriotta raleighana*	分布范围: 大西洋及太平洋海域。
体形大小: 体长约 1 米	

鳃鲨生活在世界各处的海洋里，比较喜欢寒冷的水域。根据所生活的海域不同，它生存的海下深度也不同，在海面下 100～1300 米的深度不等。皱鳃鲨移动缓慢，性喜独居，其细长的身体可达 2 米长，看起来就像是一条棕色的大鳗鱼，因此它又被称为"拟鳗鲛"。而它之所以被称为"皱鳃鲨"，是因为它的六对鳃被长满皱褶的皮肤所包围，就像是在它那蜥蜴般的头上包了一层花边一样。皱鳃鲨最明显的特征是极其灵活的颌——它的上颌和下颌之间长有一排排像针一样细的三尖齿，总共有 300 颗。这些牙齿的奇怪形状对捕捉和杀死猎物极其有效。乌贼、小鲨鱼、其他鱼类，一旦被它那可怕的牙齿咬住，没有谁能够逃得掉。它能捕捉体型超过它一半大小的海洋动物。此外，它还能以海底的腐肉为食。

一堆称号！

皱鳃鲨的称号有很多：它那蜥蜴般的奇怪头部为它赢得了"蜥蜴鲨"的称号，长着皱褶的鳃赋予了它"皱鳃鲨"或者"条纹鲨"的称谓。你最喜欢哪个名字呢？

又细又长的身体，很容易让人联想到蜥蜴。↓

动物身份证

拉丁学名：
Chlamydoselachus anguineus

体形大小：
体长约 2 米

分布范围：
世界上的所有海域。

▶ 这种深海鲨鱼长着许多
　像针一样细的三尖齿。

翻车鲀(tún)
打破各种纪录的鱼

这就是翻车鲀，有的地方又将其称之为"月亮鱼"。它是目前已知最大的硬骨鱼类，体长可达 3.1 米，高度可达 4.5 米，平均重量为 1 吨左右。这也太大了吧！这种动物喜欢独居，有一层厚厚的银色皮肤，有的翻车鲀身上还长有斑点。翻车鲀的背部和臀部分别长有一个鳍，呈翅膀状排列，它就是靠这两个鳍在海洋里游动，然后用它的假尾巴，也就是我们所说的"舵鳍"来控制方向。翻车鲀主要以水母为食食量惊人，同时，它也会捕食乌贼、甲壳类动物和小型鱼类。雌性翻车鲀是世界上产卵最多的脊椎动物，每年产卵约 3 亿枚。然而，这并不意味着翻车鲀在海洋中大量存在，恰恰相反，它被世界自然保护联盟濒危物种红色名录归类为"易危物种"[1]。作为一种浅水鱼，翻车鲀经常被渔网意外地捕获。在某些国家，它是餐桌上"美味佳肴"。好了，别流口水了！我们还是一起为这个雄壮而又神奇的物种"多多祈祷"吧！

2300 公斤！
有史以来观察到的最重的一只翻车鲀是 1996 年捕获的一条雌性翻车鲀，重达 2300 公斤，相当于一头犀牛的重量。

破纪录！这是世界上最大的硬骨鱼！↓

动物身份证

拉丁学名： *Mola mola* 体形大小： 体长可达 3 米多，高度可达 4.5 米	分布范围： 太平洋、大西洋、北海（大西洋东北部的边缘海）。

[1] 物种保护级别被分为 9 类，根据数目下降速度、物种总数、地理分布、群族分散程度等准则分类，最高级别是灭绝（EX），其次是野外灭绝（EW），极危（CR）、濒危（EN）和易危（VU）3 个级别统称"受威胁"，再次是近危（NT）、无危（LC）、数据缺乏（DD）、未评估（NE）。

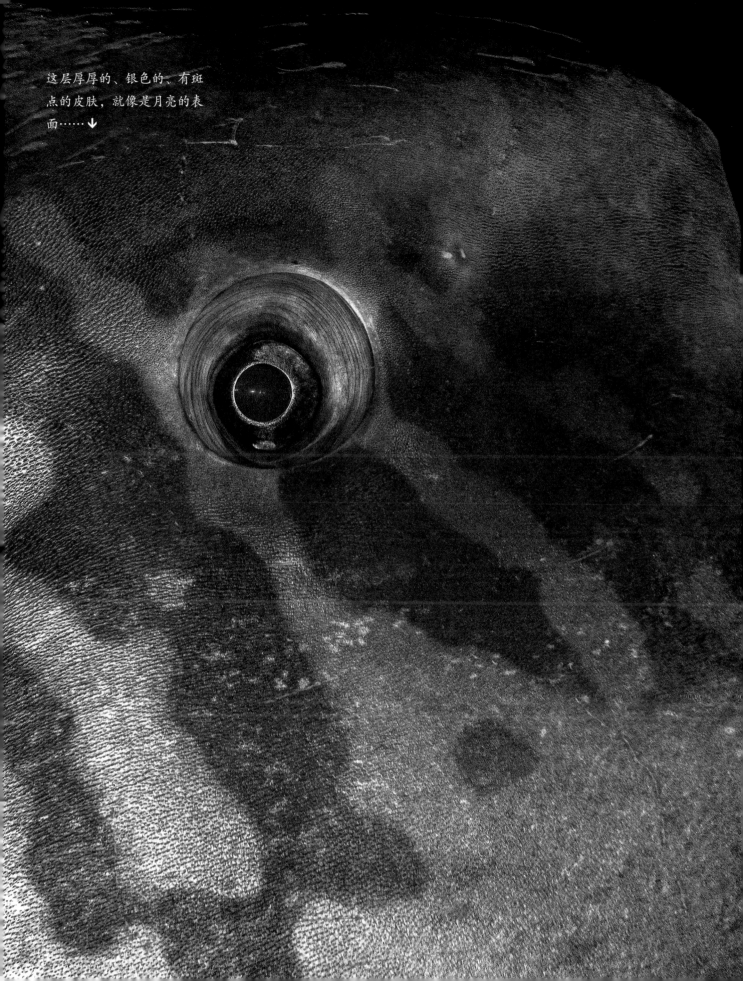

这层厚厚的、银色的、有斑
点的皮肤，就像是月亮的表
面……↓

美体平鳍鳅(qiū)

会攀岩的鱼

美体平鳍鳅又称"瀑布攀岩洞穴鱼",是一种生活在泰国少数几个洞穴中的洞穴盲鱼。2016年,洞穴勘探者在泰国北部的一个洞穴里发现这种鱼,它利用那奇特的鳍可以在陆地上行走,更加令人惊讶的是,科学家们发现这种鱼不仅仅只是会行走这么简单,它还有着一个可以支撑自己身体的骨架。如果

并不稀奇?

科学家预估,至少还有10种美体平鳍鳅的近亲鱼类和美体平鳍鳅有着极其相似的骨架结构,使得它们在陆地上也能够行走!

说其他鱼类能够依靠自己的前鳍爬上陆地,而美体平鳍鳅则能够用它的四个鳍在陆地上行走并攀爬岩壁。一项对该物种骨架结构的研究发现,美体平鳍鳅的骨盆和脊柱与生活在陆地上的一些动物十分相似。通常,对于大多数鱼类来说,脊柱与骨盆鳍之间是没有骨头连接在一起的。简而言之,美体平鳍鳅之所以与众不同,是因为它的脊柱与骨盆鳍之间有胯骨进行连接。这种奇特的生理结构能够帮助它攀爬瀑布,使得它能够到达洞穴内河流的各个地方!

↗ 这种鱼类完全没有色素
  且完全失明!

动物身份证

拉丁学名:	分布范围:
Cryptotora thamicola	泰国。
体形大小:	
几厘米	

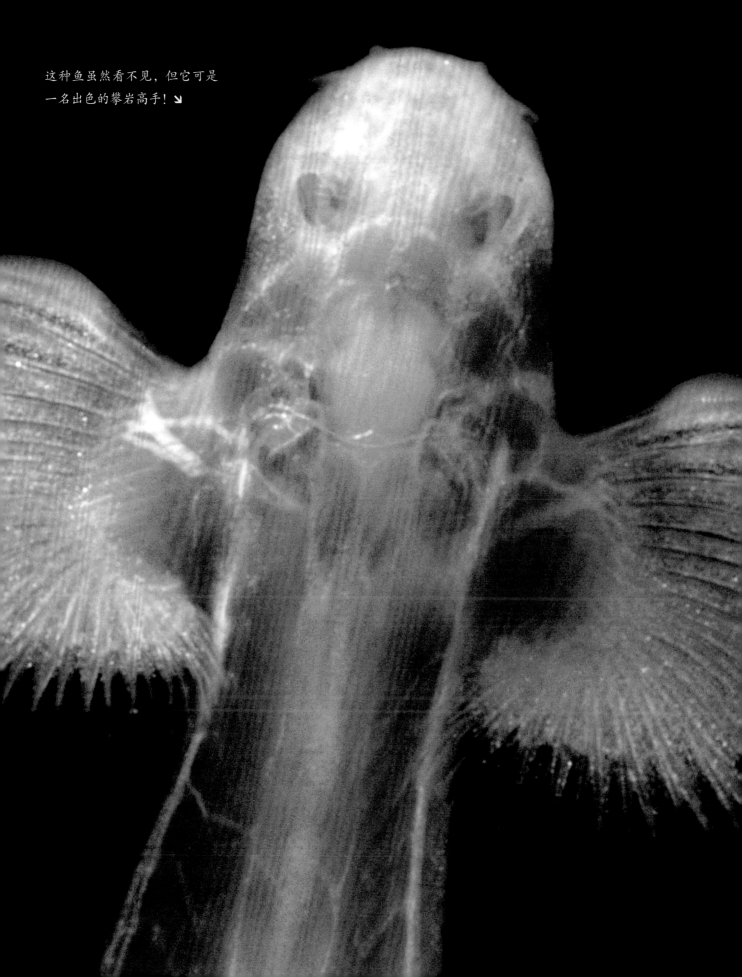

这种鱼虽然看不见，但它可是
一名出色的攀岩高手！↘

1001 种颜色

剃刀鱼能够完美地与周边的环境融为一体，无论是海藻还是珊瑚。↘

剃刀鱼有着一个非常梦幻的外观，但我们现在对它依然知之甚少，因为这种鱼很少被我们观测到。剃刀鱼和海马一样，同属海龙科动物，看起来就像是一条奇怪的小鳗鱼。但它实际上是一种介于海马与海龙之间的动物，是一种硬骨鱼类。这种奇怪的鱼身体上长着大约 30 块骨板，与直立的海马不同，它是平躺着生活的。剃刀鱼比较喜欢独居，体长约 12 厘米，生活在浅水区的珊瑚礁里。剃刀鱼有着高超的伪装技巧，在珊瑚、柳珊瑚或海藻附近将自己完美地隐藏起来。它身体的颜色和图案多变，在棕色、黑色、黄色、红色及橙色等不同的颜色之间变换——有时它像一株海藻，有时又像一截珊瑚枝，它的身体结构使它能变幻出一些令人难以置信的形状和纹理。它身体的透明度更是为其完美的伪装增色不少，当它在水中慢悠悠地移动时，就像是幽灵般悄无声息……

肩负重任的雌性

海马和海龙都由雄性照看鱼卵，而剃刀鱼则是由雌性将鱼卵放在一个孵化袋中并负责照料这些小家伙。

动物身份证

拉丁学名：
Solenostomus paradoxus

体形大小：
体长约 12 厘米

分布范围：
印度洋 - 太平洋海域。

↗ 颜色和图案变化无穷，这种鱼
的"鱼生"可真是多姿多彩！

达氏蝙蝠鱼

↗ 一条拥有烈焰红唇的鱼，完美的繁殖伙伴！

烈焰红唇

达氏蝙蝠鱼，又称"红唇蝙蝠鱼"，属于蝙蝠鱼科。的确，当我们第一眼看到它的时候，还以为它的身体上安着一双腿和一对翅膀！其实这是一种变异的胸鳍，达氏蝙蝠鱼将它们当作腿来使用。它的游泳能力很差，更喜欢在加拉帕戈斯群岛浅水区的海底爬行。它体长 20 厘米左右，看起来就像是一个盒子，三角形的头顶上长有一个背棘，使它看起来就像是长着一张人类的脸！一个长得像鼻子的圆锥形额角，一对靠得很近的眼睛，再加上那艳丽饱满的红唇……可以说，达氏蝙蝠鱼凭借那色彩鲜艳的红唇而在各种蝙蝠鱼类中得以脱颖而出。但我们需要知道的是，根据科学家的说法，这种鲜艳的红唇有助于它们在繁殖的季节相互识别——如此妖娆的外表，肯定不会认错啦！我们都想主动给它一个小吻！

鱼类陷阱

和所有的鮟鱇目鱼类一样，达氏蝙蝠鱼的头顶长有一个诱饵，它可以用背棘的末端移动这个诱饵来引诱猎物！

动物身份证

拉丁学名：
Ogcocephalus darwini

体形大小：
体长约 20 厘米

分布范围：
秘鲁、厄瓜多尔的加拉帕戈斯群岛。

破纪录的两栖动物

这种大型的两栖动物是中国特有的动物，也是现存体型最大的两栖动物。它的长度可达 2 米，重量可达 50 公斤！但这还不是它神奇之处的全部，它还是最长寿的两栖动物。2015 年，科学家在中国一个洞穴的水域中发现了一只罕见的中国大鲵，据科学家估计，这只中国大鲵已经活了 200 年！中国大鲵头部扁平，嘴巴巨大，这使它看起来就像是一条生活在水里的龙。这种动物存在于中国的传说、传统医学甚至是文化中，而且还曾是中国餐桌之上的一道美食。中国大鲵生活在山区的溪流之中，尤其喜欢躲在充满缝隙和岩石的溪流之中。然而，自 1950 年以来，由于栖息地的丧失、为了奢侈的菜肴而进行的偷猎，中国大鲵种群的生活范围在不断缩小，数量也在急剧下降。不久前，它被世界自然保护联盟列为极度濒危动物。中国政府一直鼓励商业养殖场释放其饲养的中国大鲵，以提高野生种群的数量。但这又带来了一个巨大的遗传问题，科学家认为中国大鲵共有 5 个不同的物种，释放养殖个体有可能会混淆野生个体的遗传轨迹，从而有可能导致当地特有的大鲵物种灭亡……

婴儿的哭声

中国大鲵又被称作"娃娃鱼"，它发出的叫声听起来就像是一个新生的婴儿在哭泣。

动物身份证

拉丁学名：
Andrias davidianus

体形大小：
体长约 2 米

分布范围：
中国。

止咳糖浆！

在墨西哥的帕茨夸罗市，圣蝾螈修女会在米却肯大学研究人员的支持下，致力于拯救美西钝口螈。修女们饲养它们，关怀备至地照顾它们，并控制它们的数量。在放生美西钝口螈之前，修女们会用它们制作一种秘传的止咳糖浆……

因组进行了测序，即对其每个细胞中包含的所有遗传信息进行测定。美西钝口螈拥有 **320** 亿对碱基对，比人类多 **10** 倍，对它的基因组测序是有史以来最大的基因组测序。不幸的是，现存的美西钝口螈 **90%** 为人工饲养，且被列为极度濒危物种。城市化、污染、捕捞及新鱼种的引入，使得美西钝口螈处于一种极度危险的境地，以至于在自然环境中只剩下 **700 ～ 1200** 只野生的美西钝口螈……

动物身份证

拉丁学名：
Ambystoma mexicanum

体形大小：
体长约 30 厘米

分布范围：
墨西哥的霍奇米尔科湖及泽尔高湖。

美西钝口螈是一种奇特的动物，
因为它有着非凡的再生能力。

越南北部特有的一种小蛙，体长约 8 厘米，平时一般躲在潮湿的洞穴里或一些溪流的岸边，喜欢在夜间捕食一些小型无脊椎动物，比如昆虫。无论是白天还是黑夜，我们都很难发现这种小型两栖动物。它的皮肤颜色从浅绿、深绿到黑色不等，完美地模仿了潮湿植物苔藓的色调。但相对于颜色，其皮肤质地与苔藓的相似性，则更加让人难以置信——苔藓蛙的皮肤上点缀着许多类似于植物结构的凸起，让人产生一种完美的错觉。如果苔藓蛙感觉到危险，它还会把自己蜷缩成一个小球，使自己更难以被发现。在繁殖期，苔藓蛙会发出悦耳的鸣叫声。交配之后，雌性会在远离水下捕食者而又离水面足够近的岸边产卵，以便于小蝌蚪在孵化时能够顺利地回到水中。

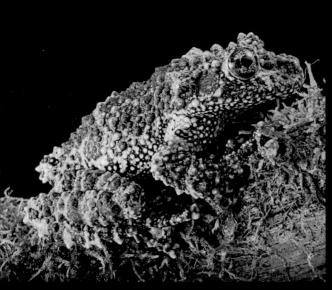

这种蛙非常特别，它的皮肤完美地模仿了生活环境中的苔藓。↘

从苔藓到树皮

棱皮树蛙属共包括 11 种蛙类，其中，苔藓蛙无疑是伪装技能最令人印象深刻的一种，但其他 10 种蛙的皮肤也有着非凡的质地和颜色，从模仿苔藓到模仿树皮，各显其能。

动物身份证

拉丁学名：
Theloderma corticale

体形大小：
体长约 8 厘米

分布范围：
越南北部。

这些皮肤上的某些突起很
容易让人联想到某些植物
的组织或结构。↙

体，雌性的皮肤会一次又一次地变厚，直至将所有的受精卵都覆盖住。负子蟾的幼体在出生后盘绕并牢牢地嵌在母亲的背上，并受到母亲后背皮肤角质层的保护。幼体将在母亲的身上发育 12 ～ 20 周的时间，一旦它们发育完成，它们的母亲就会开始蜕皮，此时负子蟾的幼体就会冲破母亲皮肤的覆盖层，从母亲皮肤的"窝"里挣脱出来。雌性负子蟾的背部可真强大啊！

旋涡吞噬者

负子蟾没有舌头，为了捕猎，当猎物经过时，这种蟾蜍会通过吸水产生一个强力的旋涡，将食物直接吸进它的嘴里！然后用它那细长的脚趾抓住猎物，再慢慢地将其吞噬掉。

动物身份证

拉丁学名：
Pipa pipa

体形大小：

分布范围：
南美洲及特立尼达岛。

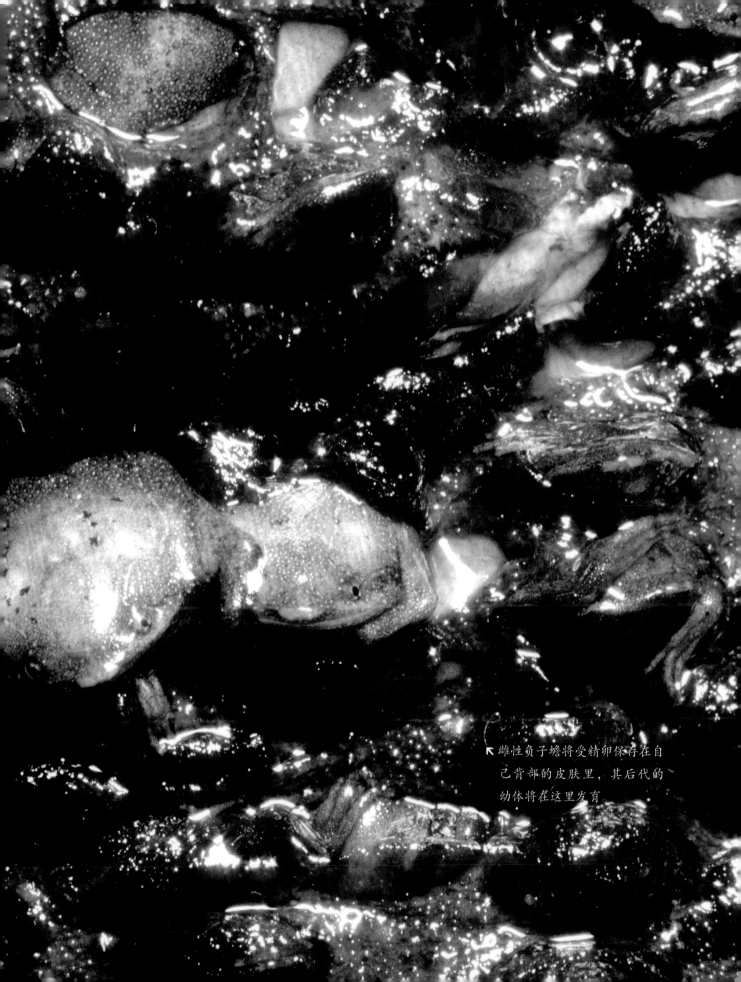

雌性负子蟾将受精卵保存在自己背部的皮肤里，其后代的幼体将在这里发育。

这种小型的热带蛙类乍一看似乎很普通，但如果我们把它翻过来，就会惊讶地发现它腹部的皮肤是完全透明的。我们可以直接看到它的器官，就像是透过一道玻璃墙一样，甚至可以看到它那跳动的心脏。是不是很神奇？这种两栖动物是瞻星蛙科的成员之一，瞻星蛙科的蛙类也被称为"玻璃蛙"。但亚库玻璃蛙是一个新发现的物种，它的特点是身体的透明度很高，背上有着其特有的斑点。此外，它的叫声和行为也非常独特。在繁殖期，亚库玻璃蛙的雄性会在树叶下鸣叫，并负责照看雌性在河岸附近所产下的卵。蛙卵孵化后，小蝌蚪会进入水中，并开始它们的生活。尽管科学家仍在试图了解这些奇妙小生物的进化模式，以及它们的身体为什么会像玻璃一样透明，但毋庸置疑的是，亚库玻璃蛙仍有许多奥秘等待着我们去发现。

亚库玻璃蛙的背部生有斑点，这是这种奇特的两栖动物的另一个独特之处。↘

动物身份证

拉丁学名： *Hyalinobatrachium yaku*	分布范围： 厄瓜多尔。
体形大小： 几厘米	

↖ 一只迷人的透明小蛙，你看到它的器官了吗？

阿马乌童蛙

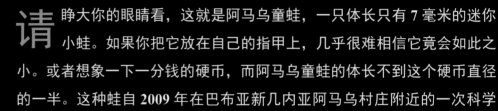

迷你小蛙

阿马乌童蛙是世界上最小的蛙，体长只有7毫米！↘

请睁大你的眼睛看，这就是阿马乌童蛙，一只体长只有 7 毫米的迷你小蛙。如果你把它放在自己的指甲上，几乎很难相信它竟会如此之小。或者想象一下一分钱的硬币，而阿马乌童蛙的体长不到这个硬币直径的一半。这种蛙自 2009 年在巴布亚新几内亚阿马乌村庄附近的一次科学考察中被发现以来，人们对它仍然知之甚少。在刚被发现的时候，它曾是世界上已知的最小的脊椎动物！它身材虽小，但声音却很大。它能够发出尖锐的鸣叫声，由于其声音的频率在 8400～9400 赫兹之间，所以我们可以清楚地听到它们所发出的声音。此外，它跳跃的最远距离可达其体长的 30 倍！它微小的身体构造引起了科学家的好奇，因为如此之小的身体必然会导致生理构造方面存在着非常极端的限制。事实果然不出所料，科学家发现阿马乌童蛙的骨骼是柔软的！然而，这种小蛙的身上还有着更多秘密仍然在等待着人类去探索！

世界纪录

在阿马乌童蛙被发现之前，世界上最小的脊椎动物是袖珍鱼（*Paedocypris progenetica*），其成年后的尺寸在 7.9 ~ 10.3 毫米之间。

动物身份证

拉丁学名：
Paedophryne amauensis

体形大小：
体长约 7 毫米

分布范围：
巴布亚新几内亚。

↖ 它长着带有浅褐色斑点的皮
肤，这是一种完美的伪装！

恒河鳄

一张吓人的大嘴

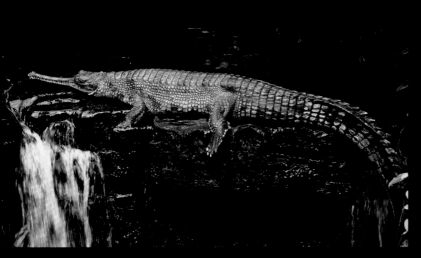

↗ 它的嘴巴又细又长，体长可达6米！

恒河鳄是生活在印度和尼泊尔的一种罕见的鳄鱼物种，其雄性体长可达 6 米，生有蹼 (pǔ）足和一条强有力的锥形尾巴，使得它能够在水里游泳、移动并进行捕猎。恒河鳄最显著的身体特征是它那张又细又长的大嘴巴，里面长着百余颗小而锋利的牙齿，这是一种十分厉害和有效的狩猎工具。恒河鳄只需简单地横扫它那张大嘴，就能够捕捉鱼类和小型两栖类动物，但对于体型更大的猎物，它就有些无能为力了。虽然恒河鳄大部分时间都喜欢待在水里，但它偶尔也会上岸晒晒太阳或者筑巢。然而，爬上陆地后，恒河鳄的行动大受限制，因为它的四肢太短小，腿部肌肉不足以将其身体抬离地面，因此它只能使用腹部进行滑行。在筑巢时，雌性会在巢穴中产下 35～50 枚蛋，两三个月后就会孵化。恒河鳄虽然长得十分吓人，但它对人类几乎完全无害。尽管它在筑巢期间有时会带有攻击性，但它那张嘴巴实在是太过细长，使得它既咬不了人又无法抓住人。

稀有的濒危物种

如今，恒河鳄已经被列为极度濒危物种。因为其身上的皮而遭到猎杀，或是被渔民捕鱼时意外捞起，恒河鳄正在逐渐消失。不过，在尼泊尔的奇特旺国家森林公园已经建立起了一个保育场，会定期放生恒河鳄个体，试图恢复野生恒河鳄种群的发展。

动物身份证

拉丁学名：
Gavialis gangeticus

体形大小：
体长约 6 米

分布范围：
印度北部及尼泊尔。

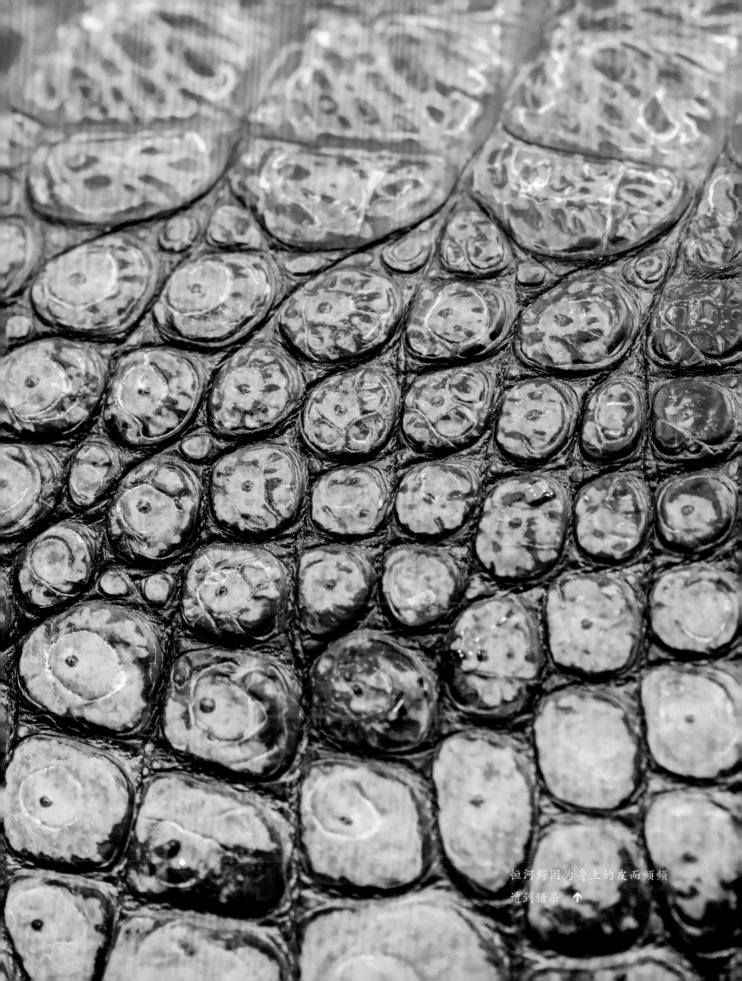

恒河鳄因为身上的皮而频频遭到猎杀。↑

毛鳞树蝮(fù)

一条迷你小龙

不，你没有在做梦，这不是一条小龙，而是一条实打实的蛇！它就是毛鳞树蝮，一种蝰蛇科蛇类。它是非洲中部的特有蛇种，目前共有十余个不同的种类。毛鳞树蝮是树栖动物，体长在 40～70 厘米之间，是名副其实的伪装大师。

这条蛇的鳞片使它看起来像一条龙。

人们之所以经常将它比作一条龙，主要是因为它那奇特的鳞片形状。普通蛇类通常都有着非常光滑的鳞片，而毛鳞树蝮的鳞片则呈尖锐的流线型，形状类似小叶子或者皮毛，毛鳞树蝮的名字便是缘于此。再加上鲜艳的颜色和锐利的眼睛，使它看起来就像是一只神话中的生灵……然而，它是真实存在的！它以青蛙和小型哺乳动物为食，它的危险性丝毫不亚于它外表的美丽——它的毒液含有神经毒素，可致人死亡。不过，人类被毛鳞树蝮咬伤的情况并不多见，因为它们很少与人类发生交集，因为毛鳞树蝮大多栖息在树上，而且喜欢夜间出来活动。

不生蛋的蛇！

你知道吗？不是所有的蛇都生蛋！毛鳞树蝮是卵胎生动物，也就是说它不产卵，而是直接诞下已经成型的幼蛇！

动物身份证

拉丁学名：	分布范围：
Atheris hispida	非洲中部：乌干达、刚果民主共和国、肯尼亚、坦桑尼亚。
体形大小：	
体长 40～70 厘米	

这是一位名副其实的伪装大师！↗

枯叶龟

伪装的艺术

是 谁说乌龟都是慢吞吞的，而且只吃素？这种枯叶龟在所生活的水域简直令其他动物闻风丧胆。枯叶龟，又叫"玛塔龟"，生活在南美洲的淡水流域，是一种独一无二的肉食性猎手。让人第一眼就感到惊艳的是它那雄壮的外观，它体长 45 厘米左右，体重可达 15 公斤！和其他的乌龟不同，枯叶龟的龟壳形状很复杂，由锥体和板块组成，边缘呈锯齿状且带有条纹，这可以帮助我们在短时间内轻松地辨别出它们的年龄。枯叶龟平时不怎么移动，因而许多水藻会沉积在它身上，为它提供了一层完美的伪装。枯叶龟的脖子很长，使它能身体待在水下，只将它那有些类似于潜水通气管的又细又长的鼻子露出水面，偷偷地进行呼吸……这很有利于它捕捉猎物！鱼类、两栖类动物，它来者不拒。枯叶龟习惯在夜间捕食，往往数个小时一动不动，耐心地等待着猎物的到来，然后疾如闪电般地将其吸进肚子里。科学家们认为在枯叶龟的头上甚至还生有感觉接受器官，使其具有敏锐的震动探测能力。

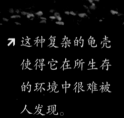

↗ 这种复杂的龟壳使得它在所生存的环境中很难被人发现。

有本事就来抓我呀！

枯叶龟不能咀嚼猎物，因为它没有牙齿，只能将食物整个吞下。每当有猎物经过的时候，它会用嘴制造一个强力的漩涡，并张开喉咙一口将猎物吸进肚子里……完成这一切，只需 1/50 秒的时间！

动物身份证

拉丁学名：
Chelus fimbriata

↙ 它的头上，可能生有一些
感觉接受器官。

金尾守宫

移动的胶水罐

↗ 金尾守宫通过金色尾巴上的毛孔，会喷射一种带有浓烈麝香味的黏液！

金尾守宫是澳大利亚的特有物种。这种小型的爬行动物生活在干燥的森林之中，白天躲在树叶下，晚上捕食昆虫和无脊椎动物。它带有斑点的米色皮肤为它提供了完美的伪装，而它两只橘红色的大眼睛十分抢眼，它的嘴巴里面呈淡蓝色，粗壮的尾巴上长着条纹，"金尾守宫"的名字便是来源于此。虽然这条尾巴看起来似乎比较正常，然而它却藏着一些令人意想不到的功能。金尾守宫看似无害且长相迷人，但它却具有一种令人印象相当深刻的防御技能——在遇到威胁时，它会将尾部腺体分泌的黏液喷射至体外 1 米多远的距离。这种淡黄色的黏液除了黏性极强之外，还有着一种具有刺激性的麝香味。不论是谁，只要一沾到这种黏液，就只想着逃之夭夭。更加让人望而却步的是，金尾守宫的喷射还十分精准。所以，千万不要以貌取人，连壁虎也是如此！

壁虎的黏性

你有没有注意过壁虎无视地心引力的能力已经达到了何种程度？它们几乎可以黏在任何表面上，头朝下，用它那双突出的大眼睛盯着你。不过，它们并不是"黏"在墙上。科学家们研究了它的脚底，发现上面长着许多腺毛（一种毛发），再加上壁虎施加于墙面上的力道，能够产生一种非常强劲的附着力！

动物身份证

拉丁学名： *Strophurus taenicauda*	**分布范围：** 澳大利亚。
体形大小： 体长约 7 厘米	

金尾守宫的米色斑纹外套，
这可是一种完美的伪装！↓

印度飞蜥

会滑翔的蜥蜴

虽然龙是神话传说和童话故事中的生物，但飞蜥这一物种的存在，表明在创造神话形象时，古人很可能是从自然界中获取的灵感。飞蜥属的蜥蜴被称为"飞蜥"，因为它们具有在空中滑翔的独特能力。印度飞蜥是一种小型的树栖爬行动物，体长 20 厘米左右，是印度特有的物种，喜欢以一种奇特的方式在树与树之间穿梭。它长着一种类似于翅膀的东西，更确切地说是一张由数根伸长的肋骨连接在一起的薄膜，也就是我们所说的翼膜。印度飞蜥休息的时候，翼膜会沿着身体折叠起来；当需要进行滑翔的时候，它就会展开翼膜，将其当作翅膀来使用，并通过翼膜前方的爪子来操控飞行！印度飞蜥的滑翔飞行极具控制力和技术性，这在动物界是绝无仅有的——飞蜥一旦跃入空中，就会将身体向前倾斜，并用爪子抓住翼膜，然后转动爪子 90 度将翼膜展开，这样它就能够在空中滑行大约 10 多米的距离。印度飞蜥的喉咙下也有一张可以展开的皮膜，但这不是用来滑翔的，而是用来吸引异性的！当然，它不能喷火，但我们不得不承认，它看起来就像是一条小飞龙！

↗ 它脖子下的小帆是用来吸引和打动异性的！

会滑翔的爬行动物

印度飞蜥并不是唯一会飞的蜥蜴，会飞的蜥蜴其实有很多——飞蜥属一共包含 41 种会飞的爬行类动物！

动物身份证

拉丁学名： *Draco dussumieri* 体形大小： 体长约 20 厘米	分布范围： 印度。

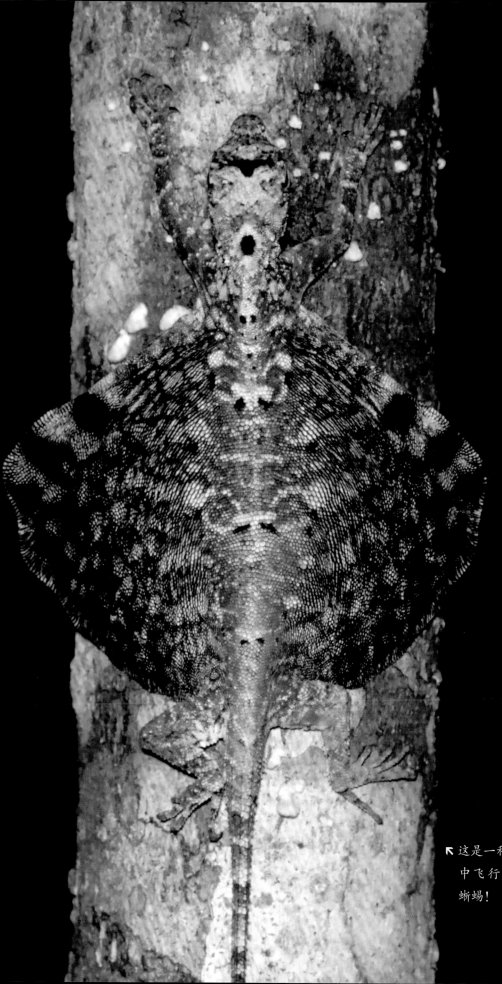

↖ 这是一种
中飞行
蜥蜴!

谁碰它，谁就会被它扎到！↓

来吃它最喜欢的食物——蚂蚁，每天要吃 **2000** 只左右，它用舌头来捕捉蚂蚁。当澳洲魔蜥碰到一个小水坑，它就会把小爪子伸进水里，或者它会把自己埋进湿润的沙子里，从而接触到水。魔蜥皮肤上细小的凹槽所组成的网络可以收集水分，收集到的水分会通过毛细作用在它的体内流通，直到抵达它的嘴巴，这时候它所需要做的就是将送过来的水吞下去就可以了。不得不说，这种被动的饮水方式比我们用吸管喝水看起来要简单得多！

难缠的刺球

澳洲魔蜥能够给自己的身体打气，使自己变成一个带刺的圆球，用来威慑和驱赶捕食者。

动物身份证

拉丁学名： *Moloch horridus* 体形大小： 体长约 20 厘米	分布范围： 澳大利亚。

这种带刺的蜥蜴在感受到威胁时会将自己膨胀成一个圆球。↘

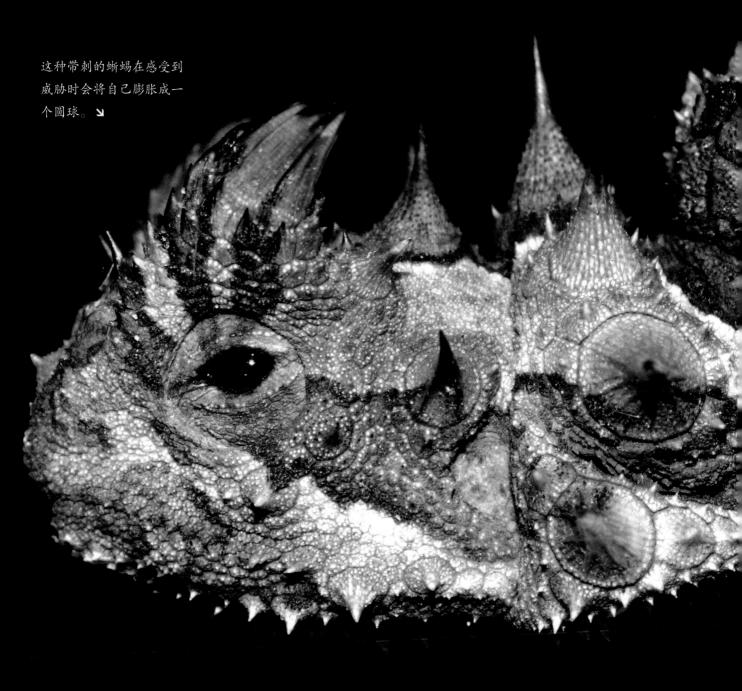

撒旦叶尾壁虎

长得像树叶的壁虎

用"撒旦"来给壁虎冠名，也许是源于它那双锐利的、从不眨动的眼睛。撒旦叶尾壁虎的眼睛没有眼睑，却有一层透明的覆盖层。如果有小碎屑黏在了眼睛上，它就会用长长的舌头来舔拭眼睛。两只眼睛的上方分别长着一只小角，看起来就像是一对迷你的撒旦之角。撒旦叶尾壁虎是一种树栖动物，体长 10 厘米左右，生活在马达加斯加的热带雨林之中。它那长得像植物叶子一样的外观令人叹为观止——它的皮肤上长着明显的叶脉一样的纹路，和干枯的叶子质感很像。再加上它能够在黄色、橙色及深棕色等几种不同颜色之间变化，这也就不难解释为什么它能够与周边的环境融合得那么好了。当它待在树枝上的时候，你几乎无法发现它的存在！此外，这位伪装大师的尾巴形状十分

承认吧，你是不是没有一眼就看见它？↗

像一片枯叶，撒旦叶尾壁虎的名字就是来源于此。然而，它的外观并不能让它瞒过所有人的眼睛——近些年来，这个物种遭到许多爬虫类爱好者的觊觎。尽管饲养撒旦叶尾壁虎有着诸多限制，但强劲的需求仍导致对这个物种的走私违法活动十分猖獗……

一群叶尾壁虎

撒旦叶尾壁虎是平尾虎属的 13 个已知物种之一，且都是马达加斯加的特有物种。这些物种被分成数个组别，撒旦叶尾壁虎所隶属的组共包括 3 个物种，另外两个物种分别是叶尾壁虎（*Uroplatus malama*）和枯叶平尾壁虎（*Uroplatus ebenaui*），它们的共同特点是都长得像枯叶。

动物身份证

拉丁学名：
Uroplatus phantasticus

体形大小：
体长约 10 厘米

分布范围：
马达加斯加

它那犀利的目光给人一种……撒旦
在世的感觉。↘

长鼻树蛇

细得像根树枝

长 鼻树蛇是一种树栖动物，生活在南亚的雨林之中，体长 1 米左右。它那绿色的外观和细长的身体使它看起来就像是一根藤蔓，所以它又被叫作"藤蛇"。有时它就像是一根树枝一样在风中摇摆……这种外观酷似植物的小蛇长着漂亮的青绿色鳞片，将身体完美地伪装在栖息地茂密的植被中。"长鼻树蛇"这个名字，源于它那又长又尖的脑袋上长着一个又细又长的鼻子。它的头比身体粗，就像是挂在枝条末端的一片叶子。如果我们盯着它的眼睛看，我们就会发现这种蛇还有一个特别之处，那就是它的瞳孔是横向的，使它的眼神看起来非常奇特。为了震慑捕食者，它常常把嘴巴张得很大，并让脖子微微膨胀。被长鼻树蛇咬中时，它会注射毒液，不过因为它主要以树栖蜥蜴、蛙类、鸟类、小型哺乳类动物为食，所以它的毒液对人体不会构成伤害。

为了震慑捕食者，长鼻树蛇会把它的嘴巴张得很大很吓人，不是吗？ ↘

瘦蛇属

长鼻树蛇隶属于瘦蛇属，瘦蛇属共包含 8 个蛇类物种，其特点是身体细长，有着长长的脑袋和横向的瞳孔，前额上长着一块鳞片，上颌长有 12 ～ 15 颗牙齿。

动物身份证

拉丁学名：
Ahaetulla nasuta

体形大小：

分布范围：
缅甸、柬埔寨、印度、斯里兰卡、泰国、越南。

横向的瞳孔使它的眼神看起来非常奇特。↓

杰克森变色龙

一条超级舌头

➚ 这种变色龙的头颅上长有三只角。

杰克森变色龙是一种源自肯尼亚和坦桑尼亚的爬行动物，其雄性的长相十分震撼，头上耸立着 3 只长约 3 厘米的尖角——两只长在额头上，另一只长在鼻子上，角的尺寸根据亚种的不同而不同。这三只角的存在，使得它们看起来就像是小型三角龙。至于雌性，它们有的没有角，有的只有一只角。杰克森变色龙长约 30 厘米，体表明亮的绿色使它们在潮湿的高山森林中伪装自己。杰克森变色龙是一种树栖动物，喜欢用尾巴将自己吊在树枝上，主要以各种小型昆虫为食。它的舌头伸缩自如，在空中高速挥舞，以此来捕捉昆虫，这是它们非常厉害的捕食利器。它们舌头上黏液的黏性是人类唾液的 400 倍。它的眼睛也十分厉害，可以各自独立地转动，视野 360 度无死角！另一个有趣的地方是，杰克森变色龙是一种卵胎生爬行动物，也就是说雌性杰克森变色龙不产卵，它们会直接生下已经成形的幼崽。

蜗牛终结者

这个物种曾给夏威夷岛造成了巨大的破坏。20 世纪 70 年代，杰克森变色龙被通过宠物贸易引入到夏威夷的瓦胡岛，被人放生到野外后迅速繁殖，不幸地消灭了当地许多稀有的蜗牛物种。到 20 世纪 80 年代，41 种隶属于小玛瑙螺属的夏威夷蜗牛被正式宣布濒临灭绝，而如今只剩下了 9 种，其他的都已经消失。消失的蜗牛都是被杰克森变色龙给吃掉了。

动物身份证

拉丁学名： *Trioceros jacksonii* 体形大小： 体长约 30 厘米	分布范围： 肯尼亚、坦桑尼亚、夏威夷群岛。

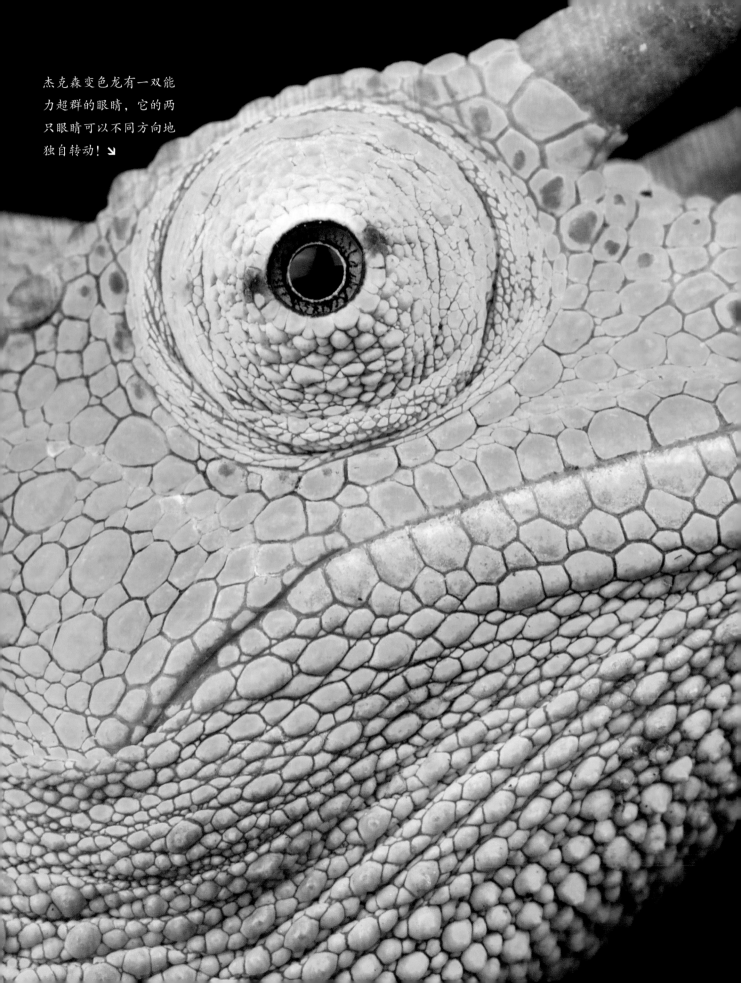

杰克森变色龙有一双能力超群的眼睛，它的两只眼睛可以不同方向地独自转动！↘

蛛尾拟角蝰(kuí)

奇特的诱饵

蛛尾拟角蝰是一种蝰蛇，更确切地说，是一种伊朗特有的蝰蛇，体长50～80厘米。它有着沙土一样的颜色、凹凸不平的皮肤，这使它在自然环境中形成一种完美的伪装。蛛尾拟角蝰喜欢以鸟类为食，虽然它们的食物不只有鸟类，但鸟类是它们日常捕食的主要猎物。然而，即使有着完美的伪装，想要抓住一只鸟也是有点困难的……但蛛尾拟角蝰自有它的小妙招儿！它的尾巴皮肤粗糙，上面生有许多细小的凸起物，看起来很像蜘蛛的样子，而蜘蛛恰好就是鸟儿非常喜欢的食物！蛛尾拟角蝰会趴在石头上，把自己伪装成石头的样子，然后轻轻地摇动尾巴，尾巴划过石头，使诱饵变得活灵活现——看起来就像是一只蜘蛛在悄然爬行，随时都有可能被吃掉……这个方法非常有效，可怜的鸟儿还以为自己找到了食物，但实际上对身边的危险一无所知。当鸟儿准备用嘴去啄"蜘蛛"的时候，蛛尾拟角蝰就会以迅雷不及掩耳之势扑向鸟儿，然后一口咬住鸟儿并往其体内注射强劲的毒液，整个攻击过程持续的时间不到一秒，而此时鸟儿已经没有任何办法逃脱了……

↖ 蛛尾拟角蝰长着一条神似蜘蛛的尾巴，一个令鸟类无法抵挡的诱饵！

羽毛蛇？

伊朗人给这种毒蛇起了个外号叫"羽毛蛇"，因为它奇特的尾巴看起来就像是长着羽毛一样。它还有一个外号叫"石膏蛇"，因为它能够完美地将自己伪装成石膏石的模样。

动物身份证	
拉丁学名： *Pseudocerastes urarachnoides*	分布范围： 伊朗。
体形大小： 体长约 50 ～ 80 厘米	

高空飞行冠军

你知道普通楼燕吗？你肯定已经看到过它在天空中以极快的速度飞来飞去，并发出一些尖锐而又短促的叫声。你可能会认为这种鸟儿非常普通，但实际上它是一种非比寻常的鸟类。普通楼燕体长在 15～20 厘米之间，翼展约 40 厘米，体重约 40 克。它大部分时间生活在城市之中，并在春夏两季繁殖，然后迁徙到南方气候温暖的地区过冬。现在，让我们来看看它所保持的纪录吧！普通楼燕有着惊人的飞行能力，人们认为它在一生之中的飞行距离可达 300 万公里，这是一项绝无仅有的壮举！更令人难以置信的是，普通楼燕生命里的大部分时间都在空中度过。它在空中几乎无所不能——它能够一边飞行一边进食、繁殖、清洁自身，甚至睡觉！一个科学家小组把电子芯片装在普通楼燕的身上，想要测试它们能够持续飞多长时间而不降落。结果令人惊讶的是，一些成年的普通楼燕在整整 10 个月的时间里没有着陆过一次！普通楼燕还是高空飞行冠军，能以一种非同寻常的方式调整飞行速度：从每小时 20 公里至每小时 100 公里不等，峰值速度可达每小时 200 公里，称得上是一架"小型的战斗机"了。所以我们不得不承认，它真的并不普通！

↖ 普通楼燕的一切，都是在飞行中完成的！

一种越来越罕见的鸟类

在过去的 10 年里，普通楼燕的数量下降了 40%，这主要由于昆虫数量的减少、筑巢的困难及城市中的鸟巢被破坏等因素。然而，普通楼燕是一种非常有益的鸟类，它相当于是一种非常强大的天然"杀虫剂"——它的食物只有虫子，其一窝幼鸟每天能吃掉 2 万只蚊子。

动物身份证

色彩绚烂

不，你不是在做梦，这就是白腹紫棕鸟，一种生活在撒哈拉沙漠以南非洲、长约 18 厘米的鸟类。虽然在自然界中各种颜色随处可见，但像白腹紫棕鸟这般绚丽的颜色却并不多见。雄性白腹紫棕鸟的羽毛能根据光线呈现出不同的颜色，从鲜艳的金属紫色到深浅不一的蓝色。它的腹部呈白色，双腿呈黑色，这更加突出了它羽毛颜色的鲜艳。白腹紫棕鸟拥有鲜艳的羽毛，其秘密在于结构生色。它的羽毛上具有纳米结构，在光的照射下能呈现出斑斓灿烂的颜色，使它看起来就像是一颗生有双腿的珍贵宝石。白腹紫棕鸟有着明显的雌雄两态，也就是说雌性和雄性有着完全不同的外观。

这些漂亮颜色的秘密在于结构生色。↘

紫鸟

白腹紫棕鸟于 1775 年被乔治-路易-勒克莱尔-德-布冯（Georges-Louis Leclerc de Buffon）首次描述为"朱达白腹紫棕鸟"（merle violet à ventre blanc de Juida）。根据博物学家的说法，这一命名"几乎是对其羽毛颜色的完整描述"。

雌性白腹紫棕鸟和幼鸟的羽毛呈灰褐色，其间夹杂着斑点，比雄性的羽毛显得平庸而不那么显眼。部分白腹紫棕鸟具有迁徙性，喜欢以水果、种子及昆虫为食。它像某些捕食飞虫的鸟类一样，能直接俯冲到昆虫跟前，并在空中就将其吞食掉，这一系列流畅的动作，令人叹为观止！

动物身份证

拉丁学名：
Cinnyricinclus leucogaster

体形大小：

分布范围：
撒哈拉沙漠以南非洲。

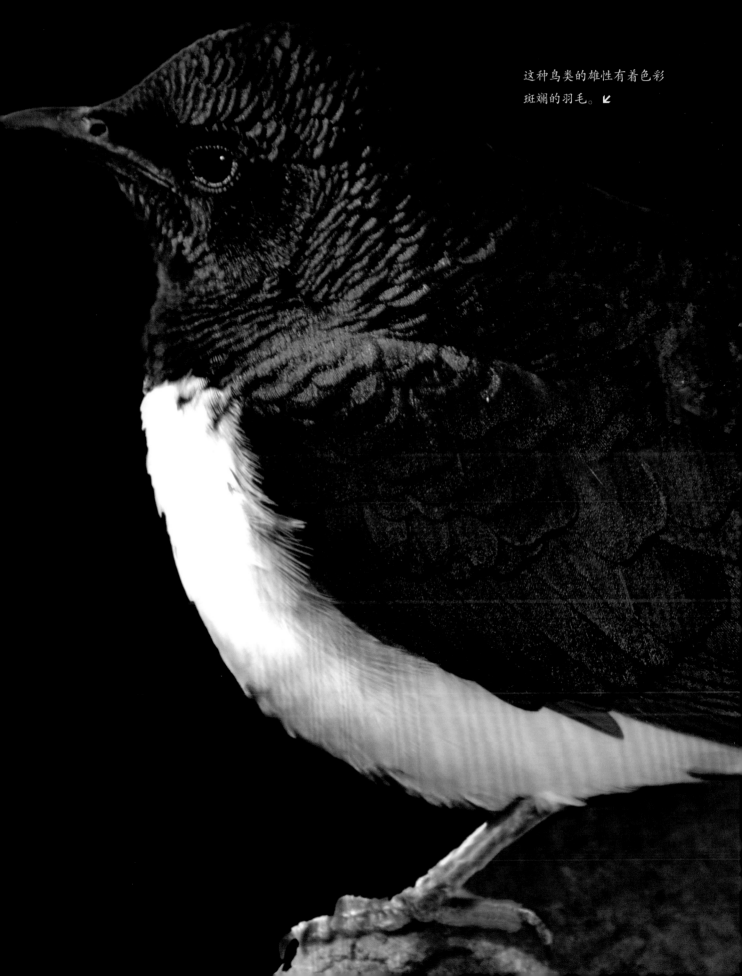

这种鸟类的雄性有着色彩斑斓的羽毛。↙

鲸头鹳

↗ 当鲸头鹳张开翅膀时，它的翼展可达260厘米！

人类的眼神

鲸头鹳是一种体型巨大、气势不凡的非洲特有鸟类。它那巨大的嘴巴、灰色的羽毛及粗壮的双腿使它看起来就像是一种史前鸟类，抑或是一种神话中的生物。鲸头鹳身高 120 厘米左右，翼展可达 260 厘米。它的眼神非常奇特，有点类似于人类，因为它的双眼靠得很近，这使得它具有双眼视觉，这在狩猎时非常实用。它的喙呈米色，长约 23 厘米，宽约 10 厘米，看起来就像是一头鲸鱼的头部，令人印象深刻，其名字就是来源于此。得益于巨大的喙，鲸头鹳可以在湿地中捕鱼。它把自己的喙当成一把大铲子，捕猎时经常连带起大量的淤泥，然后它会摇动脑袋，将淤泥甩出，只留下它美味的食物。这是一种相当谨慎的鸟，它喜欢独自生活，只有在交配季节到来时才会结成一对儿。鲸头鹳实行一夫一妻制，会与伴侣一起筑巢，产卵一般不会超过两颗。

鲸头还是拖鞋？

据说在苏丹，鲸头鹳的绰号叫"Abu-marqub"，意思是"拖鞋之父"。

动物身份证

拉丁学名：
Balaeniceps rex

体形大小：
身高约 1 ~ 2 米

分布范围：
非洲中部及东部。

紧靠在一起的双眼使鲸头
鹳具有双眼视觉。

华丽琴鸟

长得像竖琴的鸟

↗ 华丽琴鸟的尾巴称得上是动物界中最漂亮的尾巴。

华丽琴鸟是一种生活在澳大利亚的鸟类，拥有着动物王国中最漂亮的尾羽。为了追求雌性，华丽琴鸟的雄性会使出浑身解数，上演一场精彩绝伦的求偶表演，"节目单"上包括动听的歌声及优美的舞蹈。它的羽毛排列很容易让人联想到竖琴——希腊神话中司掌艺术、美丽和诗歌之神阿波罗的乐器。两根较大的外围羽毛包裹着 12 根位于中间的丝状羽毛，这些羽毛展开时会形成一个长约为 60 厘米的扇形。华丽琴鸟不仅在外观上与竖琴十分相似，还凭借悦耳的歌声而闻名于世，它能吟唱出融合各种微妙音符、叫声及各种复杂响声的歌曲。在筑巢时，雄鸟会翻开土地，筑起一个小丘作为求偶的舞台。然后它会站到小丘上，通过唱歌、跳舞和用尾巴拍打背部来为周围的雌鸟献上一场精彩的表演。

除了华丽琴鸟漂亮的外表、有趣的生活习性，让我们对大自然惊叹不已，它还对环境非常有益处，在生态系统中发挥着非常重要的作用。它们在觅食时会每年翻动、混合约 155.7 吨的土壤，这加快了桉树林中落叶的分解速度，使许多其他种类的生物都能够从中受益！

森林保护者

华丽琴鸟还是不可忽视的森林保护者！它们通过翻动森林中的土壤和落叶，可以减少森林中 25% 的天然可燃物，从而减少森林火灾的数量，降低森林大火的损毁强度。

动物身份证

拉丁学名：
Menura novaehollandiae

体形大小：
1 米

分布范围：
澳大利亚。

↖ 华丽琴鸟长着60厘米长的羽毛，是
一种无法阻挡的诱惑手段，除此
之外，它还有着美妙的歌声！

皇霸鹟(wēng)

一顶绝美的皇冠

皇霸鹟的羽毛非常普通，很难引起我们的注意。这种体长约 15 厘米的小型独居鸟以虫子为食，生活在中美洲和南美洲的热带雨林里。皇霸鹟的外表通常呈米色和浅棕色，这使它融入鸟群之中，具有良好的伪装。但当它们需要吓退捕食者或是吸引异性时，它们就会使出自己的绝招，在头上展开一个扇形的皇冠，这个皇冠由许多颜色鲜艳的长羽毛组成。其中，雄性皇霸鹟的羽冠呈红色，而雌性皇霸鹟的羽冠则呈黄色。展开羽冠之后，皇霸鹟就像是在头上顶着一块炫目的板子一样，然后开始 180 度平角的大摇头。当我

↗ 雄性皇霸鹟在年幼的时候就已经有着一个令人印象深刻的红色羽冠了。

们过于靠近它们的巢穴时，雌性皇霸鹟会毫不犹豫地使用这种视觉警告，并表现出一些有攻击性的行为。皇霸鹟的巢穴呈水滴形，一般位于水流的上方。皇霸鹟幼鸟的羽冠呈橘黄色，并会在成年期转变成最终的颜色。

平等很重要！

在鸟类中，一般来说雄性的外表更加多姿多彩，而雌性的外表则会稍显单调。但对于皇霸鹟来说，不论是雄性还是雌性，它们头上都有着一顶华丽的皇冠！它们使用这顶皇冠来求偶或是保护自己！

动物身份证

拉丁学名： *Onychorhynchus coronatus*	
	分布范围： 美洲中部及南部。
体形大小： 体长 15 ~ 16 厘米	

雌性皇霸鹟也有着一个壮丽
的黄色羽冠，用来吸引异性
或是吓退捕食者。↙

蛇鹫(jiù)

捕蛇猎人

这只鸟的身上有着一种罕见的优雅。蛇鹫是一种大型的非洲猛禽，身高超过 1 米，长着两条又细又长的腿，身上长满了黑色和白色的羽毛，长长的脖子上顶着一颗像是化过妆的脑袋。它的头顶上长着细长的黑色羽毛，像是戴着漂亮的头饰。蛇鹫的眼睛呈黑色，睫毛浓密，眼睛的周围包裹着一层厚厚的、颜色鲜艳的橘黄色皮肤，人们将这层皮肤称为"面罩"。蛇鹫虽然长着两只长长的翅膀，但它平时很少飞行，是出色的步行者。为了在地面上寻找猎物，它可以每天步行 30 公里。它的食物主要有小型哺乳动物、蜥蜴、蛇、昆虫……蛇鹫在英语中又被称作"秘书鸟"，在狩猎的时候有时会做出一些令人意想不到的行为。当它发现大型猎物比如蛇时，它就会张开翅膀开始奔跑，然后用脚多次重击踩踏猎物以将其击晕。这种奇特的步伐是一种非常有效的狩猎技巧，使它能够先将猎物击晕，然后再用锋利的喙将猎物撕碎，最后再将其全部吞食！

蛇鹫的爪子用来猎取毒蛇，很实用，不是吗？ ↘

射手鸟还是秘书鸟？

在不同的语言中，针对鸟类的命名方法也不一样。在英语中，人们将蛇鹫称之为"秘书鸟"，很有可能是因为农民有训练这种鸟来守护他们的庄稼的意愿，想要让它成为"庄稼的秘书"。在法语中，蛇鹫又被称为"射手鸟"，这个名字来自于 18 世纪的博物学家阿诺特·沃斯梅尔（Arnout Vosmaer），他认为蛇鹫的步态有点类似于射手或半人马的步态。西班牙人也称蛇鹫为"射手鸟"，但他们又喜欢将这种鸟类的灰色身体及优雅的身姿和旧时英国秘书的外表相提并论……总而言之，蛇鹫的命名真是一件很复杂的事情！

动物身份证

拉丁学名： *Sagittarius serpentarius*	
体形大小： 1 米	分布范围： 撒哈拉沙漠以南的非洲。

↖ 这种奇特的鸟类凭借
头上的小头饰而引人
注目。

白兀鹫

不打碎鸡蛋，就没法煎蛋

白兀鹫虽然是欧洲体型最小的秃鹫，但它却在其生活的环境中发挥着重要的作用。这种头部呈黄色、翼展为 160～180 厘米的白色鸟类生活在非洲北部及欧洲南部，喜欢生活在海拔 500～2500 米的悬崖峭壁上。在法国南部，你可能会有幸在壮丽的比利牛斯国家公园内的山谷中看到它们的身影，每年的筑巢期结束后，白兀鹫就会迁徙到撒哈拉沙漠以南的非洲。这种鸟可以称得上是大自然的清洁工——它在牧场上以牲畜的粪便为食，在野外则会清理动物的尸体和腐肉。得益于它那敏锐的视觉，它还能清除牛身上的虱子……这为周边的环境带来了宝贵的生态平衡。令人惊讶的是，白兀鹫还以一些小动物、昆虫和成熟的水果为食。更加令人惊讶的是，如果白兀鹫遇到了新鲜的鸟蛋，它们还能够通过使用工具来展现自己的聪明才智——它会用喙抓起一块较大的石子，然后朝着蛋扔去，以砸碎蛋壳，它就能享用这新鲜的美味了。这是一种动物很少能做到的行为！

特殊的求偶行为

迁徙归来之后，白兀鹫就会进入繁殖期，成对儿的白兀鹫会在这个时候进行令人叹为观止的空中求偶表演：它们在做出令人印象深刻的俯冲动作的同时，还会向伴侣展示自己锋利的爪子。

动物身份证

拉丁学名：
Neophron percnopterus

体形大小：
160～180 厘米

分布范围：
非洲北部及欧洲南部。

是什么让它变得特别？一颗
装满智慧的脑袋！↙

鸮 (xiāo) 鹦鹉

一种濒临灭绝的鹦鹉

鸮鹦鹉是新西兰特有的一种大型夜行性鹦鹉，体长约 60 厘米，长着一身翠绿色的羽毛。鸮鹦鹉无法飞行，因为它的翅膀相对于身体的其他部位来说实在是太短了。它的头部覆盖着细软的羽毛，使它看起来有点像是一只猫头鹰。它的腿部肌肉发达，长着长长的爪子，因此它能爬到树顶，尽管它大部分时候都待在地上。鸮鹦鹉因繁殖困难而被世人所熟知，事实上，它们已经处于极度濒危状态。鸮鹦鹉的繁殖期不固定、繁殖失败率高、卵子不一定能正常发育等，使这种鹦鹉种群难以为继。还有一个重要的特点是，这种鸟不会每年都进行繁殖。鸮鹦鹉的交配与一种针叶树——新西兰陆均松的果实数量息息相关。这种树每隔三到五年才结一次果实，因此鸮鹦鹉的繁殖并不频繁。鸮鹦鹉曾经在新西兰很常见，但因为人们从欧洲引进了黑鼠和白鼬 (yòu)，这两种动物常常偷食鸮鹦鹉的卵和幼鸟，使鸮鹦鹉的数量大幅下降。到 20 世纪 50 年代，整个新西兰只有在南岛的偏远地区还存在着 18 只鸮鹦鹉，而且都是雄性！幸运的是，在更南部的斯图尔特岛又发现了几只雌性。在 2001 年，全球只有 62 只鸮鹦鹉，雌性只有 21 只。但科学家并没有放弃，通过人工受精及收集鸮鹦鹉的卵以确保良好的孵化，这种鸟类的数量在 2019 年达到了 147 只。

精子运输

一切都是为了鸮鹦鹉！为了优化鸮鹦鹉在野外的受精，科学家使用无人机来运输雄性鸮鹦鹉的精子。如果待受精的雌性在地理上距离雄性太远，那么装有数只雄性宝贵精子的小型飞行器就会被送到雌性所在的地方。这可以节省大量的时间，因为在岛上，穿越这段距离可能至少需要一个半小时以上，而如果使用"精子直升机"则只需 5 ~ 8 分钟，同时，这也保证了精子的新鲜度！这也表明，在生活中，办法总是会比困难多……

动物身份证

拉丁学名：
Strigops habroptila

体形大小：
约 60 厘米

分布范围：
新西兰。

世界上只剩下不到 200只鸮鹦鹉。

↗ 张开翅膀之后，王鹫的翼展几乎可达2米！

王鹫是一种体形很大、颜色绚丽的动物，是玛雅古抄本中出现次数最多的鸟类。不得不说，它那黑白分明的羽毛及像彩虹一般绚丽的脑袋使它从一众秃鹰种类之中脱颖而出。从视觉上来说，其他的秃鹰种类往往会显得更加朴素。王鹫曾经被称为"教皇秃鹰"，因为它的外观使人常常联想到某些宗教服装。王鹫生活在南美洲的森林和平原之中，翼展接近2米，只吃动物腐尸，从未见过它猎杀活着的或是受伤的动物。与其他的秃鹫种类不同，王鹫几乎没有嗅觉，当它发现其他的秃鹫在空中围绕动物腐尸盘旋时，它就会降落下来一起分享食物。王鹫的喙极其有力，往往最先刺破尸体坚硬的表皮，使其他的秃鹫都能够一起享受盛宴。王鹫没有鸣管——鸟类的发音器官，所以它总是保持沉默。不过，它还是能发出轻微的嘎嘎声及喙的摩擦声。王鹫不仅长得漂亮，它对所生存的环境也非常有益。通过清理动物的尸体，它降低了许多疾病的传播风险。

追踪美洲豹

2007年，一位科学家发表了一份研究报告，他在报告中提及，在对王鹫进行了连续6年的观测之后，他发现了王鹫的一种奇怪行为——在某些地区，这种鸟类会追踪美洲豹这种大型掠食者，从而跟在后面捡食它们所吃剩的猎物。

动物身份证

拉丁学名：
Sarcoramphus papa

体形大小：
翼展 2 米

分布范围：
美洲中部及南部。

↖ 绚丽的色彩使得王鹫成为玛雅文
化中最具代表性的动物之一。

普通林鸱(chī)
把自己伪装成木桩的鸟

这是一只非常奇特的鸟儿！普通林鸱生活在南美洲，以虫子为食，身高约 30 厘米左右，很容易被误认为是……一块木头。普通林鸱的灰色羽毛上点缀着棕色和白色的花纹，当它决定停下来栖息时，它能够完美地与树枝、树桩或与木头相似的柱子等融为一体。再加上它在栖息时所采取的姿势，使得它的伪装更加地逼真。因为它一旦栖息下来，就会头朝上地直立起来，然后一动也不动，只剩下一双亮黄色的眼睛半眯着，盯着周围的世界。普通林鸱的模仿能力绝对是惊人的！但我们也不能太过打扰它，如果它感觉到威胁，就会改变策略——它会鼓胀起羽毛，然后张开翅膀，把尾巴张成一个扇形，并大声地敲击自己的喙来吓退捕食者。普通林鸱养育后代的地方也正是它所栖息的地方，它们不喜欢被打扰。它们很喜欢唱歌，能够发出一系列的音符，类似于柔和而悠扬的"poh-o oh oh oh oh"，也正是因为如此，盎格鲁·撒克逊人根据它们的叫声，将其称之为"potoo"。

这种富有表现力的鸟儿可与任何一截木头融为一体！

伪装方式

普通林鸱只产一枚卵，且不会把卵产在巢里，而是产在一个树洞的顶部，这样它们就能够一边孵化小宝宝，一边完美地伪装自己。雌性和雄性会轮流对卵进行孵化。

动物身份证

拉丁学名：
Nyctibius griseus

体形大小：
身高约 30 厘米

分布范围：
美洲中部、南美洲。

红河野猪

一头棕红色的野猪

这 就是红河野猪，承认吧，你是不是已经
对它产生浓厚的兴趣了？红河野猪和普
通野猪长相相似，可以说就是普通野猪的红棕
色定制款。红河野猪体长 1～1.45 米，体重在
45～115 公斤之间。它长有一身红棕色的皮毛，
三角形耳朵的末端长着一撮毛，看起来就像
是一束杂乱的毛刷，这一切使它的外观相当奇
特。此外，它还长着一张非常奇特的脸，看起
来就像是化了妆一样，被黑边包裹的眼睛、白
色的面部，就像是一个事先画好的面具。红河
野猪是一种哺乳动物，属于猪科，生活在赤道
穿过的非洲热带雨林及大草原。当地人喜欢称它"红野猪"。红河野猪是群
居动物，生活在一个由雄性主导的群体中，每个群体一般由 5～20 只组成。

↗ 红河野猪，一种颜色
棕红的野猪！

会筑巢的哺乳动物

红河野猪会筑巢！当红河野猪的
雌性将要分娩时，它会在地面上挖出
一个宽 3 米、深 1 米的坑，并会在这
个坑里产下约 6 只幼崽。这些幼崽将
会在两个星期之后离开这个巢穴。

红河野猪是一种杂食性动物，而且
食量很大，昆虫、树根、水果、谷
物，甚至是动物的尸体都是它的食
物。它的大鼻子可以拱出任何它想
要的东西，还能够清除动物的尸
体。它真是一只能干的野猪！

动物身份证

拉丁学名：
Potamochoerus porcus

体形大小：
体长约在 1～1.45 米

分布范围：
非洲大陆中部。

穿

山甲科共包括 8 个不同的物种，马来穿山甲就是其中的一种半树栖哺乳动物。马来穿山甲生活在东南亚，体长约 102 厘米，体重可达 35 公斤，其外观类似于一颗巨大的松果，主要以蚂蚁和白蚁为食。和食蚁兽一样，马来穿山甲没有牙齿，但生有一条有黏性的舌头，伸出长度可达 40 厘米！马来穿山甲的胃里长满了角质齿状物，可以用来研磨它所吃的食物。尽管马来穿山甲给人的印象是穿着一身战士般的盔甲，整个身体都被一排排由角蛋白构成的鳞片所覆盖，但它是一种完全无害甚至是非常脆弱的动物。马来穿山甲性喜独居，在遇到危险时，它会蜷缩成一个球。猎取马来穿山甲其实很容易，因为它一旦将自己蜷缩成一个球时，你只需将它捡起来即可，就和捡起一个掉落在地上的水果一样容易。近年来，它已经成为世界上被偷猎数量最多的哺乳动物。这是一个非常可悲的纪录，尽管该物种如今已经受到保护，但据估计，在不到 20 年的时间里，共有超过 90 万只马来穿山甲被猎杀。尽管马来穿山甲已经被官方认定为"极度濒危"，其贸易也已经被禁止，但针对它们的猎杀只是略有放缓。这种又温和又脆弱的物种，需要休养生息，才能够恢复繁衍发展……

马来穿山甲，看起来就像是一颗巨大的松果！ ↘

新冠肺炎的罪魁祸首？

马来穿山甲曾被怀疑是新冠病毒大流行中蝙蝠和人类之间的中间宿主。

动物身份证

拉丁学名：
Manis javanica

体形大小：

分布范围：
东南亚。

马来穿山甲的角蛋白鳞片使
其成为世界上被盗猎数量最
多的物种之一。↙

侏儒犰狳

倭犰狳是世界上现存最小的犰狳，它体长约为 12 厘米，体重约为 120 克，是一种很难被观测到的动物。它是阿根廷特有的动物，当地人称它为"瞎眼犰狳"。倭犰狳的眼睛非常小，因为它是一种钻洞生物，能用前腿的长爪挖掘洞穴，并以钻洞时发现的小昆虫或者植物为食。和其他犰狳一样，倭犰狳的背部及脑后覆盖着一个由骨板组成的带有关节的甲壳。它的外壳由一层薄薄的薄膜连接，由 24 块粉红色的骨板组成，外壳下方覆盖着一层细软的白毛，使它能在阴凉的地底保持身体的温暖。所有的这一切使它看起来就像是一只穿着盔甲的鼹 (yǎn) 鼠。直至今天，人们对这种哺乳动物仍然知之甚少，对其在自然环境中的观察和研究也很少。科学家们正在努力研究它们的繁殖方式和通信系统。倭犰狳大部分时间都待在地下，只是偶尔才会爬出地面。

这种有着粉红色外壳的小犰狳只有 10～12 厘米长！ ↘

数据不足

想要弄清楚倭犰狳的受保护状况可谓是一大难题。1996 年以前，它还没有被列入世界自然保护联盟红色名录；1996 年，它被列为濒危物种；2006 年被改为近危物种；但在 2008 年，世界自然保护联盟决定将其归类为"数据不足"，因为几乎没有人能够观测到它们（每年只被观察到两三次）。我们只能希望它们过得很好吧！

动物身份证

拉丁学名：
Chlamyphorus truncatus

体形大小：
体长约 12 厘米

分布范围：
阿根廷。

一种奇特的土猪

是食蚁兽，是猪，还是袋鼠？它叫"土豚"，是一种长约 1 米、重约 70 公斤的奇特生物，看起来有点像奇美拉（希腊神话里狮头、羊身、蛇尾的吐火怪物）。土豚属于土豚科，土豚科是一个非常小的科，目前仅存土豚一个物种。在南非，土豚又被称为"土猪"。土豚的鼻子非常特别，如果你有机会观察到土豚的大脑，你就会发现它的嗅叶非常发达。它的鼻子里有许多嗅觉传感器，比狗鼻子里的嗅觉传感器还要多很多！土豚以蚂蚁和白蚁为食，当然它也非常喜欢吃水果，因此，它的嗅觉是它最好的盟友。土豚的四肢末端非常特别，既不像爪子，又不像蹄子，又长又扁又厚，这使它能轻易地刺穿白蚁的巢穴。真是非常实用的脚掌！据估算，土豚凭借着它那根黏糊糊、长达 30 厘米的舌头，可以在捕猎中一次性捕到 5 万只白蚁。那呆萌可爱的外表下，它其实是一位了不起的猎手！

▶ 土豚凭借长长的舌头，一次就能抓到近 5 万只白蚁，是一名货真价实的猎手！

埃及之神？

现在人们认为，土豚与狗和豺狼一起，可能是埃及神话中赛特神外貌的由来。

动物身份证

拉丁学名： *Orycteropus afer*	分布范围： 撒哈拉以南的非洲。
体形大小： 体长约 1 米	

川金丝猴

长着一张蓝脸的猴子

川金丝猴是一种树栖灵长类动物，生活在中国西南部沿青藏高原的山区之中。这种身高 60 厘米左右的猴子有着一种罕见的优雅，它长着像丝绸一样顺滑的金红色毛发，生有一条长长的尾巴和一张淡蓝色的脸。川金丝猴的鼻子又小又平，鼻孔与眼睛距离很近。这些猴子是一种群体社会化程度很高的动物，在夏天的时候，曾有人观察到超过 600 只川金丝猴聚集在一起。事实上，它们采取的是一种被称为"分裂—融合"的社会模式。举个例子，大型的川金丝猴群体在冬季会分裂成多个小型群体，在之后的某个温暖季节会重新融合成一个大型的群体。这种群体行为既取决于季节条件，同时也取决于是否有足够的食物，这在灵长类动物之中也算是一种非常罕见的现象。川金丝猴活泼好动，会发出响亮的欢呼、吟啸及叫喊声……它们能发出许多种声音，这得益于它们的大鼻腔，它们有时甚至都不用张嘴就能够发出声音。川金丝猴以各类种子、果实、苔藓、花朵、树皮及荆棘为食。但遗憾的是，这种灵长类动物已经濒临灭绝，因为它们的栖息地越来越多地被人类所破坏。

苏丹王妃的鼻子

川金丝猴的拉丁学名是"Rhinopithecus roxellana"，来自于一位 16 世纪的苏丹皇后许蕾姆苏丹（sultane Hürrem），又名罗克塞拉娜（Roxelane），因为她就长着一个鼻孔上翻的翘鼻子。她曾是苏莱曼一世的奴隶，后来成为了他的妻子。

↗ 川金丝猴长着一张淡蓝色的脸！

动物身份证

拉丁学名：*Rhinopithecus roxellana*	
体形大小：体长约 60 厘米	分布范围：中国西南部。

高鼻羚羊

一个奇特的鼻子

高鼻羚羊，又称"赛加羚羊"，是一种罕见的动物，目前已经处于极度濒危状态，但曾经有数百万只高鼻羚羊生活在地球上。这种小型的草食性羚羊身高 80 厘米左右，生活在干旱的中亚大草原上。其特征是长着一对长长的类似于竖琴的角，以及一个又长又松弛、像吸管一样的奇特鼻子。它那又大又肿胀的鼻孔朝下，既可作为热量调节器，又可作为高效的灰尘过滤器。当一大群高鼻羚羊奔跑并掀起大片灰尘时，这个鼻子相当实用。此外，这个鼻子还是雄性吸引雌性的工具，因为这个鼻子在发情期可以发出声音。高鼻羚羊是世界上速度最快的羚羊之一：它的速度能够达到 80 公里 / 小时，最快时甚至可以达到 100 公里 / 小时；它的韧性很强，可以以 40 公里 / 小时的速度连续奔跑几公里。在冬季，高鼻羚羊们会聚集在一起，进行几百甚至几千公里的迁徙。令人感到遗憾的是，随着栖息地被破坏，再加上捕食者数量众多、偷猎屡禁不止，高鼻羚羊的生存状况不容乐观。2015 年，高鼻羚羊经历了一场灾难性的事件——在一个半月的时间里，20 万只高鼻羚羊死亡，罪魁祸首是天然存在于高鼻羚羊呼吸道中的多杀巴斯德杆菌 B 型血清。现如今，高鼻羚羊正在从这场灾难中慢慢恢复过来，其出生率也在增加。但此时它们的命运更多地掌握在人类的手中……

↖ 它的这种奇特的鼻子到底有什么作用呢？

一种史前动物！

高鼻羚羊是旧石器时代在欧洲西部生活的一种标志性动物。在法国的一些自然遗迹和考古遗址中发现了高鼻羚羊残存的骸骨，并在一些洞穴中也发现了画着这些动物的壁画。

动物身份证

拉丁学名： *Saiga tatarica*	分布范围： 蒙古、哈萨克斯坦、俄罗斯。
体形大小： 高约 80 厘米	

鸭嘴兽

三种动物合为一体

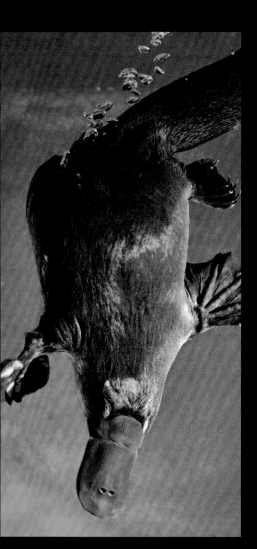

鸭嘴兽的身体像海狸，但却有着鸭子的嘴和水獭 (tǎ) 的腿，大自然可真是奇特！鸭嘴兽是一种小型的半水生淡水动物，只生活在澳大利亚和塔斯马尼亚的某些地区，体长 40 ～ 50 厘米，体重约 2 公斤。跟鸟类和蛇类一样，鸭嘴兽也有着所谓的泄殖腔，这是一个独特的孔道，既可用于繁殖，又可以用于排泄尿液及粪便。鸭嘴兽的蛋类似于蛇蛋，不像鸟蛋那般有着硬质的蛋壳。雌性鸭嘴兽每次会产下大约 3 枚蛋，并哺育幼崽。鸭嘴兽是一种哺乳动物，但它和其他哺乳动物不同的地方在于，雌性鸭嘴兽有乳腺，但并没有乳头。在它腹部两侧有两个乳腺区，能分泌乳汁并浸润其腹部的毛，幼崽们可以过来趴在母兽的腹部进行舔食。鸭嘴兽生有毛发、蹼足及尾巴，这使它成为优秀的游泳健将，它能够在水下高速移动并进行捕食。但它最大的王牌是它的嘴巴，更确切地说，这是一个长得像鸭嘴的柔软结构，可以用来进行电磁定位。凭借着嘴巴里的接受器和灵敏的触觉，鸭嘴兽可以探测到猎物肌肉运动所产生的电流，不论是昆虫、鱼类还是甲壳类动物，身边猎物的活动都在鸭嘴兽的掌握之中。鸭嘴兽可真是一种令人着迷的小动物！

不给对手留余地！

鸭嘴兽是少数有毒的哺乳动物之一。它的两只后腿上各长有一根刺，与体内的毒腺相连。不过，雄性鸭嘴兽只在繁殖季节才会分泌毒素，通过自相残杀来淘汰竞争对手！

↗ 鸭嘴兽，一种奇怪的生物……

动物身份证

拉丁学名：

裸鼹鼠

裸鼹鼠长得像一只有点丑陋的老鼠，是一种非常奇特的动物！↙

不会变老的动物

小小的眼睛，皱巴巴的粉色皮肤，从嘴里伸出的门牙……在这种怪物般的外表下，是近年来最让科学家着迷的动物之一——裸鼹鼠。这是一种原产于肯尼亚、索马里和埃塞俄比亚的啮齿动物。这种哺乳动物是一种真社会性[1]动物，生活在一个由数十只工鼠所组成的群体中，且这个群体由一只专门负责繁殖的鼠后领导。这种生活方式让人想起了蜜蜂、白蚁或蚂蚁的生活方式。裸鼹鼠能用自己的大门牙挖洞，主要生活在光线照射不到的地下。工鼠负责照顾鼠后产下的幼崽、保护洞穴，以及寻找食物。普通老鼠的寿命约为 4 年，而裸鼹鼠在人工饲养的条件下能够活到 32 年。除了寿命打破纪录之外，裸鼹鼠还有着非凡的身体优势。比如，它们对与年龄有关的疾病和癌症有着很强的抵抗力，能够保持健全的繁殖能力直至死亡，而且在整个生命过程中完美地保持心脏和骨骼的健康！这一特点，引起了科学家的好奇心，他们对裸鼹鼠展开了研究，试图了解到底是什么机制使得裸鼹鼠能具有这些生理机能，也许能借此找到可以造福于人类的方法。因此，尽管裸鼹鼠的长相是有那么一点丑陋，但它仍然是一种令人难以置信且能够给我们带来希望的动物！

非比寻常的智力？

通过分析 166 只裸鼹鼠在实验中所发出的 36000 种声音，科学家发现，不同的裸鼹鼠群体有着明显不同的方言。每个裸鼹鼠群体都有着自己的语言，这些语言代代相传，且一部分由鼠后进行掌控，鼠后能够通过发出各种尖叫和鸣叫声来进行信息交流。这进一步证明了裸鼹鼠的社会复杂性！

动物身份证

拉丁学名： *Heterocephalus glaber*	分布范围： 东非（肯尼亚、索马里及埃塞俄比亚）。
体形大小： 体长约 8 厘米	

---

① 真社会性（Eusociality）：是一种在生物的阶层性分类方式中，具有高度社会化组织的一类动物。在一般常见的定义里，真社会性动物具有三项共同特征：一、繁殖分工：群体中可分为专行繁殖的阶级和较少甚至不进行繁殖的阶级；二、世代重叠：群体中的成熟个体，可分为两个以上的世代；三、合作照顾未成熟个体：某一个体会照顾群体中其他个体的后代。

谁说海豚只生活在海水之中？图片中的动物是亚马孙河豚，一种暗粉红色的淡水豚，生活在亚马孙河及其支流中，在巴西、秘鲁、厄瓜多尔、玻利维亚及哥伦比亚的湖泊及河流中也能找到它们的身影。亚马孙河豚是世界上最大的河豚，其雄性体长可达 2.5 米，体重约 200 公斤。雌性的体型相对较小，体重也更轻。虽然亚马孙河豚的游泳速度并不快，但它可是一位航行专家，它的身体特征使得它能够在被水淹没的树林里巧妙地移动——它能够向后倒着游泳，还能够进行 90 度的大急转。令人惊讶的是，亚马孙河豚非常喜欢抢夺各种物品，如渔夫的桨、棍子、黏土块……它们在求爱的时候也会做出这种行为。需要注意的是，不要去触摸亚马孙河豚！这种动物与亚马孙流域居民的文化紧密相连，并受到他们文化的保护。

在当地的传说中，亚马孙河豚具有超自然的力量……这是一种受到监管且被列为濒危物种的动物。

➚ 亚马孙河豚的身体或多或少呈现出粉红色，有的颜色可能有点暗淡，但有的颜色非常鲜艳！

非常特别的牙齿

亚马孙河豚长着一个狭长的喙，上下颚各有 23 ～ 35 颗牙齿，这些牙齿共分为两种类型：前部的牙齿呈圆锥形，后部的牙齿则更大更扁平。这些牙齿使它能嚼碎各种强壮的猎物，如鲶鱼、乌龟或螃蟹等。

动物身份证

拉丁学名：
Inia geoffrensis

体形大小：
体长约 2.5 米（雄性）

分布范围：
巴西、秘鲁、厄瓜多尔、玻利维亚及哥伦比亚。

锤头果蝠

被丑陋所连累的动物

当你在观察锤头果蝠的时候，你可能会感到有些不安……也许是因为它那双如人眼般清澈明亮的眼睛、那张类似于马头的方形脸，抑或是因为它那庞大的体型？这种蝙蝠是非洲已知蝙蝠种类中体型最大的——雄性锤头果蝠的体重可达450克，翼展可以接近1米！不过，我们还是继续来说说它那颗奇特的头吧！雄性锤头果蝠的嘴唇就像是挂在鼻子上一般，下巴中间有分叉且没有长毛。你是不是觉得这很丑陋？但，你看，它的嘴唇看起来几乎像是一朵小花……尽管人们对这些奇怪的身体特征的具体功能还不是很清楚，但它们很有可能在繁殖期能起到吸引雌性的作用，其鼻子的形状有助于它们发出声音来"说服"雌性选择自己作为伴侣。这表明，虽然我们人类的观念有时会使我们根据某些物种的外表来判断它们，但在自然界中，那些让我们感到厌恶的特点实际上有可能恰恰是一种优势！一旦我们放弃了蝙蝠嗜血这种先入为主的观念，我们就会发现，锤头果蝠其实更喜欢吃芒果、香蕉或番石榴等水果……尽管偶尔也会观察到它们有吃肉的行为。

> ↗ 这种非洲最大的蝙蝠长着一颗……马头！

恰如其名！

这种动物的外形和它的拉丁学名十分吻合！"monstrosus"，意思为"怪物般的"。

动物身份证

比利牛斯鼬鼹是一个令人非常好奇的物种，同时，也是让科学家感到非常棘手的一个物种。直至今天，人们对它仍然知之甚少，且很少能在自然环境中观察到它们。比利牛斯鼬鼹是一种食虫的半水生哺乳动物，是法国和西班牙境内的比利牛斯山脉及伊比利亚半岛的特有物种。它体长约 20 厘米，重量约为 50 克，长得有点像一只大老鼠，主要生活在一些靠近水流的小洞穴中。比利牛斯鼬鼹的绰号"喇叭鼠"，因为它生有一个形似小喇叭、可以移动且能够进行卷曲的鼻子，这是它的一个感觉器官，上面长满了敏感的感觉毛①，用来感知周边环境。它的食物几乎全是小型水生无脊椎动物，比如昆虫。它的饮食和生活方式，都要求清洁纯净的水源，然而，尽管针对比利牛斯鼬鼹的保护区在不断增加，但近年来因为气候变化，水坝建设及水源开发导致它们的生存区域明显缩小。据估算，仅在西班牙，比利牛斯鼬鼹

↗ 这种动物现在正在受到威胁，因为它的许多栖息地已经遭到破坏。

的数量就已经减少了 50%。世界自然保护联盟红色名录现已将比利牛斯鼬鼹列为易危物种，并且已经制定了数个国家的行动计划及欧洲的保护计划。因此，让我们一起祈祷这种珍贵的动物能够在未来的日子里坚持存活下去吧！

让粪便说话

尽管比利牛斯鼬鼹在自然环境中极难被观测到，但科学家们会使用一种非常有效的方法来追踪它，这要归功于其特有的粪便。这种方法的优点，是不会对这一脆弱的物种造成伤害，并使得我们能够分析它们的生物学特征及移动特性。

动物身份证

拉丁学名：
Galemys pyrenaicus

体形大小：
体长 24 ~ 29 厘米

分布范围：
法国及西班牙境内的比利牛斯山脉，伊比利亚半岛。

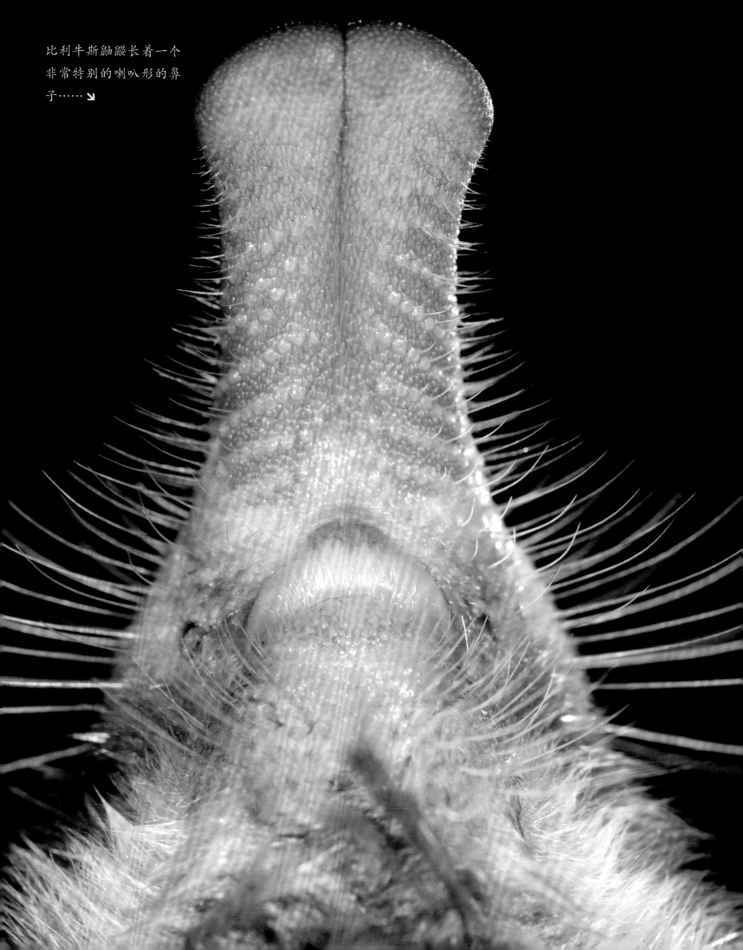

比利牛斯鼬鼹长着一个
非常特别的喇叭形的鼻
子……↘

低地斑纹马岛猬

刺多不压身

低 地斑纹马岛猬是一种小型哺乳动物，它长得非常奇特，看起来就像是一只豪猪与鼩鼱（qú jīng）的杂交体，还长着黑色和黄色的尖刺。低地斑纹马岛猬是马达加斯加的特有物种，经常在当地的一些草原或潮湿的森林中出没。它体长16～19厘米，主要以各种昆虫为食。但我们不能被它的外表所迷惑，在它可爱的外表下，可藏着不少小伎俩。首先，作为一种防御手段，它的刺是可以脱离身体的。因此，千万不要试图去触摸它，否则你的手上有可能会扎满尖刺。最令人惊奇的是，这种动物能发出类似于某些昆虫尖鸣的声音，比如蟋

↗ 能够脱离身体的刺? 是的，是的!

蟀的尖鸣声。通过摩擦背上的某些尖刺，它还能够发出超声波，以警告其同类有危险或用来寻找自己的幼崽。对科学家来说，想要探测到它们的超声波

并不是一件容易的事，因为这些频率，人耳是听不见的。现如今，研究人员甚至认为，低地斑纹马岛猬的这一技能还可以用作超声波定位，从而定位自己处于何种环境，真是刺多不压身啊!

就这样被抓

当地人叫它"索拉"（Sora），喜欢吃它们的肉。为了猎取这种动物，当地人一般不会用手去抓，因为这样会被它们身上的刺给刺伤，因此大多是训练狗将它们从洞穴里拖出来。

动物身份证

拉丁学名:
Hemicentetes semispinosus

分布范围:

懒猴

有毒的灵长类动物

双棕色的大眼睛，一身光滑的灰色皮毛，懒猴有着毛绒玩具的所有特性，让人恨不得想要给它一个大大的拥抱。但是，它可是世界上唯一的有毒的灵长类动物！懒猴生活在东南亚的森林里，一般独居或成对儿生活，领土观念极强，它体长约 40 厘米，体重可达 1 公斤。懒猴是一种杂食动物，水果、昆虫、鸟蛋，什么都能吃一点儿。当我们提起爬行动物时，自然而然地就会想起它们的毒液。但当我们说起哺乳动物时，一般就不会将它们跟毒液联系起来了。然而，懒猴能分泌毒液，尽管它们的咬伤对人类并不致命，但被咬的痛感却是非常强烈的。不过，懒猴分泌毒液的地方并不是它的嘴巴或牙齿，而是它的腋下生有毒腺。在遇到危险时，懒猴会分泌毒液，毒液会顺着它的毛发流出，然后它会直接用嘴来舔这些沾有毒液的毛发，这时毒液就会与它的唾液混合在一起。

会发出超声波的灵长类动物！

最近，科学家发现，懒猴会发出超声波呼叫来进行社交，使它在互相交流的同时避免将捕食者吸引过来。

当它感受到威胁时，它就会通过撕咬来注射毒液。同时，懒猴也会通过舔自己的幼崽，以达到保护幼崽的目的。你还想收养一只这样的小猴子吗？

↖ 外表可爱的懒猴竟然可以释放毒液！

动物身份证

拉丁学名：
Nycticebus coucang

体形大小：
体长 20 ～ 23 厘米

分布范围：
东南亚。

兔狲

濒临灭绝的猫

兔狲是生活在中亚地区的一种猫科动物，性喜独居且喜欢在夜间出没。兔狲的身体大小与我们所熟知的家猫差不多，但它长着一层厚厚的米灰色皮毛，再加上它那双小短腿及紧致的身形，使得它看起来要更加粗壮。兔狲体长约 60 厘米（包括尾巴在内），体重 2～5 公斤，头部宽而扁平，两只圆圆的小耳朵位置很低。你是否注意到它的眼睛？它眼睛的边缘围着一圈黑色和白色的线条，像是化妆描画的眼线。兔狲的奇特之处在于，它的瞳孔在收缩时可以保持圆形，而其他猫科动物的瞳孔在收缩时都呈细长的竖条形。它背部和两侧的长毛几乎是其他部位的两倍长，使它能在冬季或极端寒冷的环境中保持身体温暖。兔狲是一种肉食动物，非常善于捕食鼠兔——一种小型的草食性哺乳动物。不幸的是，鼠兔被视为一种有害的动物，从而遭到大量的捕杀，而鼠兔的减少是对兔狲的一大威胁，兔狲正在失去主要的食物来源。同时，栖息地受到破坏也使这种稀有动物正面临着诸多的威胁。

兔狲是一种肉食动物，是一名非常厉害的猎手！ ↘

一只德国猫

兔狲的别名叫"帕拉斯猫"，来自于德国动物学家彼得-西蒙-帕拉斯（Peter Simon Pallas），他于 1776 年描述了这个物种。

动物身份证

拉丁学名：	分布范围：
Otocolobus manul	中亚。
体形大小：	
体长约 60 厘米	

和我们所熟知的猫不同，兔狲的瞳孔收缩时能够保持圆形，这使得它看起来非常神秘！↘

↗ 在所有的羚羊种类中，长颈羚的脖子是最长的！

长颈羚

长脖子，可不是长颈鹿的"专利"

长颈羚是一种非常奇特的羚羊，又被称为"麒麟羚"。它那长长的脖子看起来似乎与身体的其他部位不太协调，它那小小的脑袋就好像是挂在长脖子末端一样，头上长着一对漂亮的大耳朵。长颈羚的脖子是所有羚羊种类中最长的，这种中等体型的羚羊生活在干旱的东非平原上，它那浅红褐色的皮毛使它与当地的干旱地貌融为一体。除了生有一个长长的脖子之外，它还是唯一一种能用后腿站立的羚羊。这使它能够到高处的树枝，这对它在干旱地区寻找新鲜树叶非常有帮助，尤其是长颈羚几乎不喝水，它从所吃的食物——富含汁液的植物中汲取身体所需的水分。这种羚羊有着复杂的社会行为。雄性长颈羚非常喜欢独居，有着极强的领地意识和支配意识，只有在繁殖季节才会和雌性成对地待在一起。至于雌性长颈羚，它们则带着自己的幼崽与10 只左右的同伴小型群居生活。长颈羚的幼崽在断奶后，直到它们准备好拥有自己的领地并繁殖时才会与群体分开。

一个幸运的发现

长颈羚的拉丁学名来自于它的发现者霍勒斯·沃勒（Horace Waller）牧师，他和探险家大卫·利文斯通（David Livingstone）一起在赞比西河探险时发现了这个物种。

动物身份证

马岛獴

一大群追求者

马岛獴是马达加斯加特有的一种哺乳动物，你肯定不会对它无动于衷。它看起来就像是獴和美洲狮的微妙混合体，从鼻子到尾巴末端的长度约为 80 厘米，是马达加斯加最大的肉食性哺乳动物。它是出色的猎手，非常喜欢捕食躲在树上的狐猴。马岛獴可以轻而易举地在树上攀爬，它的爪子能够紧紧地抓住树皮，粗壮的尾巴能够帮助它在高处保持平衡，但它也会在地面上捕食啮齿动物。马岛獴性喜独居。在繁殖季节，雌性马岛獴会在一棵树上栖息数天，此时会有多达 8 只雄性马岛獴聚集在这棵"繁殖树"下，雌性会从中选择几只作为它的伴侣并与它们进行交配。这种交配行为在肉食性动物中是独一无二的，这种雌性独自占有一个场所并尽可能多地选择伴侣的场景是十分罕见的。因为砍伐森林和栖息地遭到破坏，马岛獴已被世界自然保护联盟列为易危物种。但更重要的是，失去岛上最大的肉食性动物对马达加斯加来说，可能是灾难性的，这将导致狐猴种群数量自然调节的消失，以及生物多样性的失衡。这是一个受到重视且需要保护的物种！

↖ 马岛獴喜欢栖息在树顶上。

隐藏的肛门

令人吃惊！马岛獴拉丁学名中的"Cryptoprocta"源自于古希腊语中的"kruptos"和"proktós"，前者的意思为"隐藏的"，后者的意思为"肛门"。马岛獴有一个肛门腺，能够在不排泄的时候将肛门隐藏起来。

动物身份证

拉丁学名： *Cryptoprocta ferox* 体形大小： 体长约 80 厘米	分布范围： 马达加斯加。

一只奇特的鼹鼠

星鼻鼹看起来就像是一只鼻子上黏着粉红色海星的鼹鼠！这种栖息在北美某些湿地中的小动物有着鼹鼠的典型外观，体长约 20 厘米，身上长着黑灰色的绒毛，眼睛的视力近乎失明，但它的鼻子却不同一般！这个星形的鼻子有着 22 个附属器官，使它比其他鼹鼠能更快地探测和猎取猎物。这些感觉附属器官在所有种类的鼹鼠身上都存在，上面长有一种被我们称为"鼹鼠鼻皮感觉器"的接收器。但在星鼻鼹的鼻子上，共有超过 25000 个这样的接收器，打破了所有种类鼹鼠的纪录！由于星鼻鼹的鼻子呈触手状且可以移动，使得它能够用鼻子触摸来探索周边环境。除此之外，它还是一名出色的游泳健将，能够追踪昆虫和蚯蚓的气味以进行水下捕猎。在水中时，它能用鼻子排出一团空气并形成气泡，在下潜的过程中，这个气泡就成了它的空气储备，使它可以进行多次呼吸。所以呀，星鼻鼹对自己眼神不好这件事完全不在意！

↗ 凭借着这个奇怪的鼻子，星鼻鼹有着非凡的嗅觉和触觉能力！

又快又好

在所有的哺乳动物中，星鼻鼹处理猎物的时间最短——它可以在短短 120 毫秒的时间内吞下猎物。星鼻鼹吞食猎物的平均时间约为 227 毫秒，不得不说，这是一项非凡的生存优势！

动物身份证

拉丁学名： *Condylura cristata* 体形大小： 体长约 20 厘米	分布范围： 北美洲。

短吻针鼹

生蛋的哺乳动物

短吻针鼹并不是唯一会产卵的哺乳动物，它是单孔目动物中的超级明星。单孔目还包括其他种类的几种针鼹，这些针鼹也别具特点。短吻针鼹是澳大利亚的特有物种，体长约 30 厘米，体重可达 7 公斤。它圆滚滚的身体上覆盖着一层棕色的皮毛，其中夹杂着许多尖刺，使它看起来有点像是一只豪猪。它用长长的鼻子寻找蚂蚁和白蚁，并用它那根长约 20 厘米还具有黏性的舌头进行捕捉。针鼹的奇特之处在于它有一个泄殖腔，粪便、尿液及雌性的卵都是通过这个通过口排出体外，就和鸟类一样。在交配时，雄性针鼹的生殖器也是从泄殖腔中伸出来。雌性的妊娠期会持续三周，然后在其袋中产下一枚卵，这对于哺乳动物来说，显得有点不同寻常！短吻针鼹的幼崽将在 10 天后孵化而出，它会先在母亲的袋子里待一段时间，然后被放入一个小洞穴之中，雌性会为后代哺乳 100 天左右。怎么样，想不想看一看这些刚出生的小家伙？

↗这是豪猪吗？不，这是一只短吻针鼹！

永不过热！

短吻针鼹能以一种非比寻常的方式调节体温。它的基础体温在 30~32 摄氏度之间，但当它处于休眠或冬眠状态时，体温可以降低到 5 摄氏度。在澳大利亚的大火中，科学家发现许多针鼹就是借助于这一技能而得以在高温中存活下来！

动物身份证

泰国猪鼻蝙蝠

迷你蝙蝠

泰国猪鼻蝙蝠是世界上最小的哺乳动物，由于它的体型实在是太小，人们又称之为"大黄蜂蝙蝠"。它的体长2.9～3.3厘米，重量约为2克。它生活在泰国和缅甸，喜欢在潮湿的石灰岩洞穴深处栖息。泰国猪鼻蝙蝠生活在由100～500只同类组成的群体中，从黎明到黄昏都在活动。它的身体上覆盖着棕色的皮毛，长着一个看起来就像是猪鼻子的奇特鼻子，还有两只大大的尖耳朵。为了捕猎，泰国猪鼻蝙蝠会用它那柔软的翼尖迅速劈开空气，并使用回声定位，发射超声波来探测和捕捉它们所吃的小昆虫。科学家发现，生活在缅甸和泰国的猪鼻蝙蝠种群之间存在着明显的差异，如叫声的频率有时千差万别。尽管它们的外表形态相同，但科学家怀疑这是否是两个截然不同的物种。这种迷你小蝙蝠的身上仍然有许多秘密等待着我们去揭开！

◤ 泰国猪鼻蝙蝠是世界上最小的哺乳动物！

备受追捧的粪便！

最近几年，泰国猪鼻蝙蝠的数量一直在下降。它们的排泄物，即粪便，是一种宝贵的材料，可用作肥料。采集这种粪便往往会造成对泰国猪鼻蝙蝠栖息环境的破坏，再加上石灰岩的开采，更加重了对其居住洞穴的破坏。

动物身份证

拉丁学名：
Craseonycteris thonglongyai

体形大小：
体长约3厘米

分布范围：
泰国、柬埔寨。

菲律宾鼯(wú)猴

空中杂技专家

你知道吗？只有极少部分的哺乳动物能够进行飞行，更确切地说，是能够进行滑翔。菲律宾鼯猴就是如此，它体长 30 厘米左右，生活在东南亚的森林之中。菲律宾鼯猴属于皮翼目，此目只有两个物种。菲律宾鼯猴之所以能够滑翔，其秘诀在于它身上长有一张被称作"翼膜"的薄膜，这是一种皮肤的赘生物，上面长满了绒毛。这张翼膜连接着它的前腿和后腿，展开时宽度可达 60 厘米，有着类似于降落伞的作用。当菲律宾鼯猴展开翼膜时，它可以在树与树之间滑翔，且可以在空中滑行达 140 米远！当菲律宾鼯猴展开翼膜在树木之间"飞翔"时，它就成了空中杂技专家。幼崽出生后的几个月内，菲律宾鼯猴的奇怪皮肤还使它能把幼崽携带在身上加以保护。菲律宾鼯猴长着一身带有少量斑点的灰色皮毛，白天隐藏在树木的枝叶之中，以躲避天敌——蛇类及各种猛禽。它长着一口形似梳子的奇特门牙，可以撕下植物的花蕾、果实或叶子……当然，这种行为也有可能仅仅只是为了梳理它们那一身宝贵的皮毛！

↗ 菲律宾鼯猴能够在树与树之间跳跃、翱翔，全得益于它身上的皮膜！

是蝙蝠，还是灵长类动物？

对菲律宾鼯猴的物种分类及与其他物种的近亲关系，曾让科学家们头痛。最初，人们甚至认为它是蝙蝠的近亲，因为它长有"翅膀"。但在 2007 年，一个科学研究小组成功地研究了它的基因组，并最终将皮翼目动物确定为灵长类动物。

动物身份证

拉丁学名：	分布范围：
Cynocephalus volans	东南亚。
体形大小：	
体长约 30 厘米	

鬃狼

↗ 这是一只狐狸吗？
或是一只雌鹿？
不，这是一头狼！

修长的四肢

优雅、精致，这就是当我们看到鬃狼的时候，它所散发出的气息。鬃狼有着一个尖尖的鼻子，一条颜色渐变的白色尾巴，以及一身妖艳的鬃毛。它的四肢又细又长，浑身的毛就像火焰一样红。它是南美洲最大的犬科动物，身高超过 1 米，体重约 25 公斤。鬃狼喜欢在夜间活动，是一种杂食性动物。它喜欢吃水果、昆虫、犰狳、鸟蛋，或是逃出农场的鸡……它算不上真正强大的猎手，但却是典型的机会主义者。它的牙齿表明它攻击大型猎物的能力很差——上门牙很小，犬齿又细又长。它那修长的腿使它能像涉禽①一样，具有高于草丛的视野，以便观察草丛周围的情况。它的皮毛呈红棕色和黑色，在草原上很难被发现。鬃狼非常喜欢独居，但在繁殖季节时会成对儿出现。雌性鬃狼会产下 1～5 只黑色的小狼崽，狼崽的皮毛将在 10 周后转变成红色！

一股大麻的味道……

鬃狼因其尿液的味道而闻名，这种气味很浓烈，而且颇具特色，因为它和大麻的味道很像。警察曾突然造访图瓦里动物园（距离法国巴黎约 35 分钟车程的野生动物园），以检查这股奇怪气味儿到底是从哪里来的！

动物身份证

拉丁学名：	分布范围：
Chrysocyon brachyurus	巴西、巴拉圭、阿根廷、玻利维亚。
体形大小：	
身高 1 米多	

① 涉禽是指那些适应在沼泽和水边生活的鸟类，最主要特征就是"三长"——嘴长，颈长，脚长，适于涉水行走，但不适合游泳。

獐(zhāng)

獐的犬齿很长，但这并不意味着它就是一名捕食者，实际上它是食草动物。↙

吸血鬼鹿

这 是一种非常奇怪的鹿。如果说在欧洲，人们所熟悉的鹿是有着壮观的鹿角且体型庞大的，那么这种来自东亚的獐，则显得更加低调和可怕。这种迷你版的小鹿确实让人为之惊叹！它体长约 1 米，体重约 15 公斤，是少数头上没有角的鹿科动物之一。此外，雄性獐还有一个非常奇特的身体特征——它长着两颗 8 厘米长的尖齿，就像两颗长长的獠牙，清晰可见。它的绰号"吸血鬼鹿"就是来自于此，然而这两颗獠牙并不是用来吞食肉类或享用新鲜血液的，因为獐是一种草食性动物。獐表面上看起来似乎十分温驯，但雄性在发情期很容易发生血腥的争斗，用犬齿猛烈地刺向对方，有时（但很少）甚至会因此造成死亡。

在法国的某处……

虽然獐的原产地在东亚，但在俄罗斯及法国也出现了它们的身影！1960 年，一些獐从一家动物园中逃走，从此就形成了法国的第一个野生獐群体。

此外，獐对自己的这两只獠牙可以进行有效的操控，必要时能控制稍微伸出或者收回。

动物身份证

拉丁学名：
Hydropotes inermis

体形大小：
体长约 1 米

分布范围：
东亚。

多彩的皮毛

这种松鼠创造了一个纪录——它的体长加上尾巴，将近1米！↘

印度巨松鼠因其大小和颜色而令人着迷。它生活在南亚的热带雨林中，身体长度在 35～45 厘米之间，但它的尾巴足有 50 厘米长！当你知道欧亚红松鼠的体长一般只有约 20 厘米，且尾巴也同样是这个长度时，就不难理解为什么人们将这种印度松鼠称之为"巨松鼠"了。印度巨松鼠是一种树栖动物，大部分时间栖息在树冠上，又喜欢躲在树洞里。它常常从一根树枝跳到另一根树枝上，最远跳跃距离可达 6 米。印度巨松鼠的皮毛非常特别，有着两种甚至是三种颜色，从米色到棕色、黑色或者亮橙色都有。科学家目前还无法解释这些彩色的毛产生的缘由及其是否具有某种特定的功能。不过，这对摄影师来说倒是个福音。但人们还是忍不住想要知道，这种颜色丰富的外观对印度巨松鼠这种被豹子和某些猛禽所猎食的动物来说，到底是不是一种有利条件。

对环境有好处！

印度巨松鼠是一种杂食动物，特别喜欢吃水果。它们有着非常重要的生态作用，因为它们通过排泄出所吃果子的种子，对种子的传播起到了一种积极作用，这些种子发芽之后将会成为森林的一部分。

动物身份证

拉丁学名：
Ratufa indica

体形大小：
体长 30 ～ 45 厘米

分布范围：
南亚。

这种松鼠的特征是体毛
有3种颜色！ ↙

平原矮松鼠

一只迷你小松鼠

↗ 这是一只迷你版的松鼠——体长7厘米，重20克！

平原矮松鼠保持着一项它们松鼠界纪录——它是世界上最小的松鼠！它是一种昼行性树栖哺乳动物，体长约为7厘米，体重仅约15克。平原矮松鼠生活在婆罗洲岛及印度洋邦吉岛的森林之中，它曾多次在低海拔地区被人们观察到，但在海拔1700米以上的地区也有它们的身影。这种迷你小松鼠非常低调，每天大部分时间都在树干上攀爬或在树枝间跳跃。它非常喜欢啃食树皮，同时也喜欢吞食蚂蚁等小昆虫。平原矮松鼠的皮毛呈深浅不一的棕色，从栗色到深橙色不等，这使得它待在树干上时非常不显眼。它的毛十分柔顺，尾巴上点缀着一些黑毛。在繁殖季节，它会用树枝和树根在高处搭建一个圆形的巢穴，用来隐藏它的幼崽。

摩擦声！
平原矮松鼠会发出一种类似于摩擦的叫声！

动物身份证

拉丁学名：
Exilisciurus exilis

体形大小：
体长约7厘米

分布范围：
婆罗洲岛及位于印度洋的邦吉岛。